Bamboo

竹の文化誌

スザンヌ・ルーカス 著
Susanne Lucas

山田美明 訳

花と木の図書館

原書房

［……］は訳者による注記である。

伸縮式望遠鏡のように伸びるフィロスタキス・アトロウァギナタ（*Phyllostachys atrovaginata*）の力強い茎（「稈」と呼ばれる）

序章　可能性に満ちた「草」

竹は、この地球上でもっとも成長が速い植物と言われている。なかには、1日に1メートル以上伸びる種もある。その竹に頼って、数億人もの人間や動物や昆虫が生活している。竹は、食料、住まい、編んだり書いたりするための材料、霊感の源など、さまざまな用途を通じて、古くから人間の物理的・精神的欲求を満たすのに貢献してきた。中国の詩人、蘇軾《そしょく》は800年以上前にこう記している。「肉は食べなくてもいいが、竹がないところには住めない。肉がなくてもやせるだけだが、竹がないと心の安らぎを失う」

さまざまな時代を通じて、人間は竹を利用してきた。生活のための材料として、竹を切り、割り、曲げ、乾燥させ、調理し、結び、編み、きざみ、細工してきた。それは現代も変わらない。竹関連の産業で衣食住の糧を得ている人は、世界に2億5000万人以上いるという。[1] 竹はまた、持続可能な資源として活用すれば、人間活動が環境におよぼす悪影響を緩和できる可能性もある。竹を収穫しても、この植物を殺すことにはならない。竹はこう見えて、木ではなくイネ科の草なのである。

竹筒（ゴブダと呼ばれる）から飲み物を飲む男の写真（1890年代）。アンダマン諸島にてモーリス・ヴィダル・ポートマンが撮影。

どこにでもある竹かご

イネ科の竹は、「稈《かん》」と呼ばれる茎を伸ばして成長する（稈を切ったものは「cane」と呼ばれる）。竹の稈は伸縮式の望遠鏡のように上へ上へと伸び、わずか数週間で最大樹高に達する。それから寿命が尽きるまでの数年間は、最初の1年目より太くなることも高くなることもない。あとは毎年、新芽を伸ばして新たな稈を生み出したり、枝と葉で大きな樹冠《じゅかん》［樹木など丈が高い植物の枝葉が茂っている部分］をつくったりして過ごす。だが、その間も根は伸び、呼吸して空気をきれいにし、水や酸素を循環させる。

ほとんどの人は、竹がどんな姿形をしているか知っていると思うかもしれない。だが実際には、竹にもさまざまな形のものがある。地面を覆うように生える高さ30センチにも満たない草のような竹もあれば、中空の茎を持つ巨大な草というよりは、熱帯雨林の林床《りんしょう》［森林内の地表面。多くは落ち葉などが堆積した薄暗く湿った環境］に生えるシダ植物のような竹もある。稈の姿にしても、一般的には、ティキと呼ばれるポリネシア風たいまつや魚釣りの竿に使われる稈、ジャイアントパンダがよく食べている緑の葉を茂らせた稈を思い浮かべることだろう。だが実際には、タコの触手のようにつるを伸ばしてはい上がっていく竹もあれば、巨大なとげを生やして茂みをつくる竹もある。色についても、普通は緑を連想しがちだが、黄、金、赤紫、青のほか、黒い稈を持つ栽培品種もある。さらに、葉にあざやかな金や白の斑が入った種、葉の幅が広いうえに長さが1メートルもある種、小さい繊細な葉を星形に展開する種もある。

＊

フィロスタキス・イリデスケンス（*Phyllostachys iridescens*）の美しい新芽

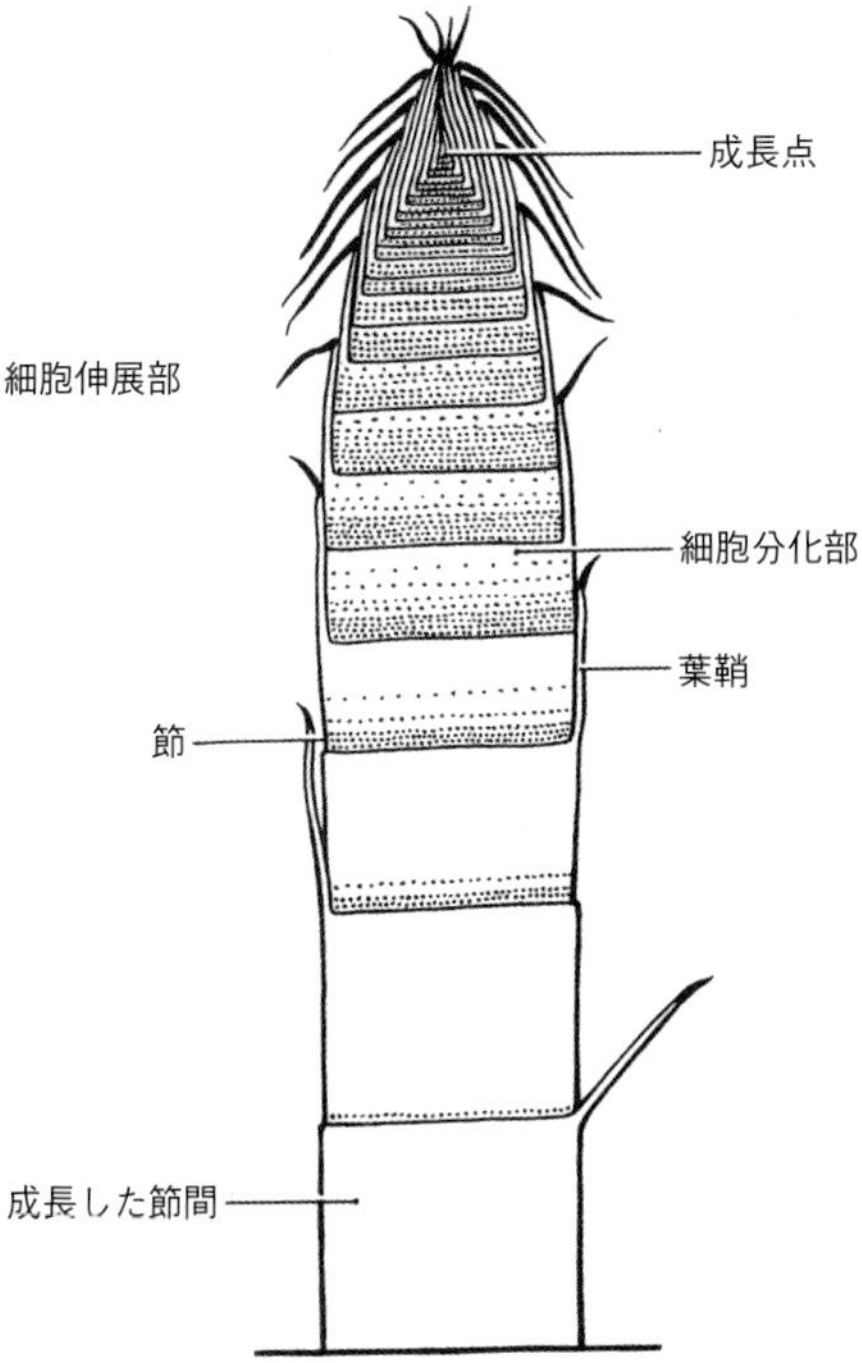

一般的な竹の稈の発生・成長に関する部分

竹は、南極とヨーロッパを除く全大陸に自生している。海抜0メートルレベルの低地からヒマラヤの高地にまで分布し、湿潤な熱帯にも、温暖な雲霧林《うんむりん》［霧が多く湿度の高い森林］にも、乾燥したインドの平原にも見られる。竹林の面積は世界全体で3900万ヘクタール以上におよび、国によっては全森林面積の4〜10パーセントを占めるとの推計もある。[2] 竹がもう自生していない地域でも、植栽や栽培が行われている。

人間は身近にある森林から植物を採取して、周囲の景観を形づくってきた。そのなかでも竹は、世界中に広く分布しているうえに、その習性も生育特性も多種多様であり、人工の景観をつくるうえで独自の重要な役割を担うことになった。

竹は、あっという間にまっすぐ上に成長するため、それで土地を区切ったり囲ったりすれば、プライバシーを確保できるとともに、強い日差しや風を避けられる。また、種によっては旱魃《かんばつ》や汚染にも強い。地下茎を張りめぐらせて竹林をつくるため、斜面や空き地に植えれば表土の流出を抑制する。緑の林が広がれば、さまざまな鳥や動物が巣をつくる。そのうえ、周囲の空気をきれいにする偉大な力もある。二酸化炭素を再利用して（推計では1ヘクタールあたり最大12トン）、樹木より35パーセントも多くの酸素を供給する。[3] さらに、栄養豊富な芽は食用となり、貴重な食料源として、地元の人々に日々の食材を提供している。

竹の用途で何より重要なのは、国際的に不足して高価になりつつある木材の代用品として使えることだ。竹の自生林や植林を手間暇をかけて適切に維持すれば、水源や野生生物を守りながら、貴重な資材を手に入れられる。農林業作物としてはそのほか、バイオプラスチックやバイオ燃料など

高くそびえるモウソウチク（学名 *Phyllostachys pubescens*）の竹林（京都）

マダケ属の竹も巨大な草の一種にすぎない。竹林は個別の稈の群落から成るが、すべて地下茎でつながっている。

に使える可能性も大いにある。

それなのになぜ西洋の人々は、竹が持つ現代的な可能性に気づかなかったのだろう？ ４００年前、ヨーロッパからの移民がアメリカ大陸にやって来たときには、その大陸に自生していた竹を原住民たちが利用していた（この竹の茂みは「canebrake」と呼ばれる）。当時は、単一種による竹の密林が、アメリカの南東部や南中西部、ミシシッピ川から大西洋岸にまで広がっていた。これらの茂みは、すみかや食べ物を求める狩猟動物を引き寄せた。また、定期的に開花して大量の種子を生み出し、動物や人間に食料を提供した。原住民は種子が豊富に実るとよろこび、栄養の少ない米や麦の代わりにそれを食した。[4] だがヨーロッパ人植民者たちは、原住民の生活から学ぼうとせず、ここにも旧世界の伝統的な農業を持ち込み、広大な竹林を伐採《ばっさい》していった。植民者たちが好む伝統的農業の土地を確保するため、および家畜の過放牧のため、１９５０年までに自生していた竹林のほとんどが消滅した。とはいえ、当時の竹林が部分的に残っているところもわずかながらある。[5]

同じような状況は、ほかの大陸でも見られる。「貧者の木材」と呼ばれた竹は、劣悪な資材と見なされ、もっと優れているとされる建築資材に置き換えられた。生態系における竹林の役割など考慮することなく、より貴重な木材を生産するため、あるいは、増え続ける人間に場所を提供するためだけに、竹林が伐採された。現在では、世界のどこでも同様の状態である。

かつて、アメリカ農務省による植物導入事業の責任者を務めたデヴィッド・フェアチャイルドという植物学者がいた。20万種以上の外来植物や作物種をアメリカに導入したことで知られる人物である。その著書『世界はわが玄関先で育つ *The World Grows Round My Door*』（１９４７年）のなかで

稈を垂直に分かつ節のクローズアップ

フェアチャイルドは、ジョージア州サバンナにある農務省の植物導入試験場に植えられた外来の多種多様な竹について、こう述べている。

私は数年前から竹の多大な可能性に興味を抱いていた。〔中略〕そこに植えられた竹は125種におよび、現段階ではこの有益なイネ科植物に関する世界最大のコレクションと言っていい。だが、それに対する政府の支援があまりに少ないことからもわかるように、あらゆるイネ科植物のなかでも最大級の可能性を秘めているこの植物に対して、西洋世界はあまりに無知だと思われる。[6]

だがアジアでは、いまでも竹が重要な役割を果たしている。「貧者の木材」という言葉が浸透し、田舎の部族地域でしか竹を利用していない場合もあるが（こうした地域にはまだ竹が豊富にある）、竹産業への政府の投資は増えている。とりわけ中国、インド、タイ、ベトナム、フィリピンでは、現代世界における竹の可能性が見直されつつある。竹製品の製造技術が進歩し、持続可能な林業活動が求められるようになったいま、竹はもはや、貧者のみが使用する資材とは見なされていない。北京に本部を置く国際竹籐《ちくとう》ネットワークの尽力もあり、竹に着目した政府事業を展開する取り組みが進んでいる。[7]

竹への関心が再燃している背景には、アジア全域でこの植物が象徴的意味を持っていることが関係しているのかもしれない。中国では、竹が古くから重視されてきたため、この植物が日々の生活

一般的な家庭用竹製品の工房（中国広州）

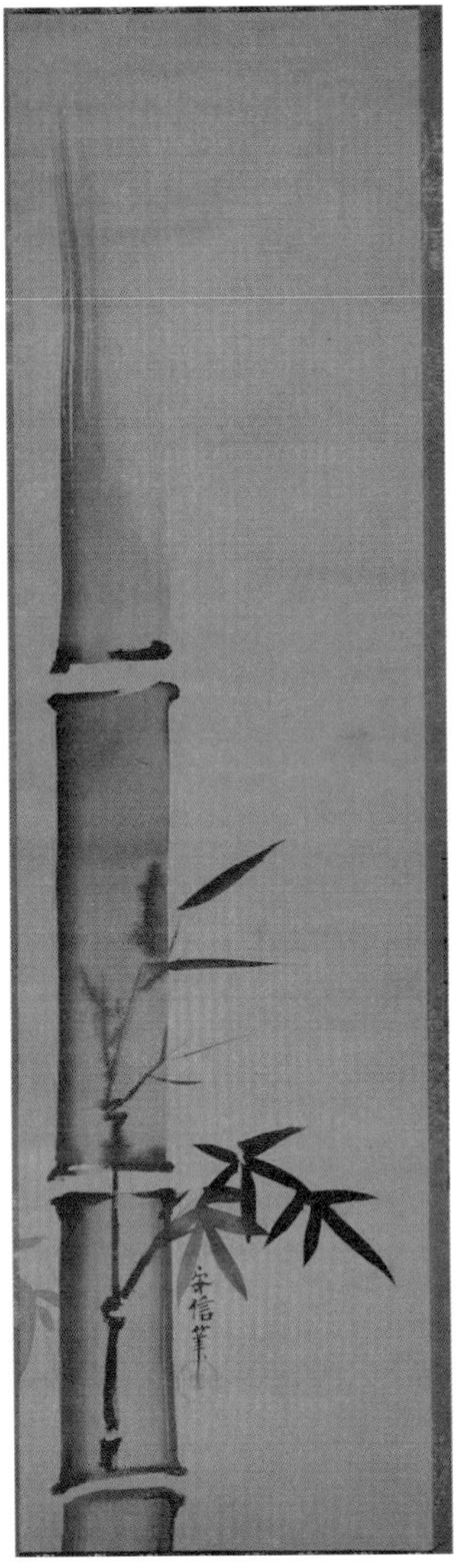

竹の掛け軸。狩野派の画家、狩野安信（1613～85年）画。

のなかに取り込まれたように言語のなかにも取り込まれ、竹を表す象形文字が何百もの文字に使われている。あるいは、アジアやアフリカの温帯域や熱帯域にはどこでも竹が豊富にあるため、それを活用する新たな方法を探し続けるのは当たり前のことなのかもしれない。インドや中国の広大な地域には、竹資源が豊富にあるだけでなく、それを栽培・管理・収穫する人的資源も十分にある。

アメリカ大陸でも、ブラジルやコロンビアなどにはいまでも広大な竹林がある。この地域の人々も同様に、長い歴史を通じて竹を利用してきたが、ヨーロッパに植民地化され、竹の栽培や活用が阻害された。また、アメリカ大陸の工業化や近代化により伝統的な資材が使われなくなり、より好まれる作物をつくるため竹林が伐採された。人間活動により生態系が変わり、竹が生育できなくなったり辺境の地に追いやられたりすることもあった。

過去100年にわたり軽視されてきたのは竹だけではない。数多くの先住民もそうだ。だが、竹に囲まれ、村単位の経済圏のなかで暮らしていた田舎の人々やほとんど資力のない人々は、その間もずっと竹を使い、伝統的な住まいや工芸品をつくり続けてきた。こうした工芸品は、かつては村同士で取り引きされていただけだったが、近年になって幅広い流通や輸出に適した商品と見なされるようになった。やがてニッチ市場を狙う中小企業が現れた。たとえば竹の地下茎を、傘やハンドバッグや急須の持ち手に加工する企業である。爪楊枝や箸、ケバブの串、線香などを扱う大企業も登場した。こうした製品の多くは、当初は狭い地域内で取り引きされていただけだったが、いまでは世界中の先進国に幅広く輸出されている。

このように、竹がさまざまな製品に適した素材であることがわかり、竹産業がその後も成長・発

東アジアや東南アジアのほかの国々同様、ミャンマーでも漆器が利用されていた。現存する最古の漆器は13世紀のものだが、それより数世紀前から使われていたものと思われる。写真の水入れ（1908～11年）は、名工サヤ・サインの手による。

割った竹を編んでいるようす。さまざまな種類の竹が、かご細工などの伝統工芸に利用されている。

展を続ける場合もあれば、逆に、もっと寿命の長いプラスチックや鉄などの現代的な素材が、竹に取って代わる場合（かごや箱、檻や罠、台や椅子など）もある。グローバル経済には、市場や経済の発展を生み出し、貿易を促進するなど、利点がたくさんある。だがその一方で、長距離におよぶ商品の輸送が必要になるため、そのためのエネルギー消費が増える。やがて21世紀が到来すると、環境保全に関心を抱き、新たな規範を掲げる消費者が、ある流行を生み出した。「持続可能な発展」という言葉が、人間活動や人口増加の議論によく登場するようになったのである。これは、未来の世代を犠牲にすることなく現代のニーズを満たせるような発展を意味する。[8]「持続可能な発展」は、「カーボン・フットプリント」［人間が生活・活動していく際に排出される二酸化炭素などの温室効果ガスの出所を調べ、その量を把握すること］や「エコロジカル・フットプリント」という言葉と関連付けられる場合が多い。「エコロジカル・フットプリント」（「フットプリント」と省略されることもある）とは、個人や組織がその活動を通じて消費する資源を生み出すため、およびその過程で生まれる廃棄物を吸収するために、生物学的に豊かな土地や水資源がどれだけ必要になるかを指し、[9]一般的にはグローバルヘクタールという単位で表示される（1ヘクタールは2・47エーカーに相当する）。現在では交易がグローバル化しているため、一個人や一国のフットプリントにも、世界中の土地や海洋が含まれることになる。

こうした懸念が持ち上がっているいまこそ、竹の出番である。この天然資源は、資材として、エネルギーを供給する代替資源として、炭素含有化合物を無限に蓄積・貯蔵する天然または人工の貯蔵庫として利用できるからだ。大気への二酸化炭素の正味排出量を減らし、極端な気候変動を抑制

屋根に竹を使った建築様式の一例（エクアドル）

するためのひとつの方法として、植林による炭素の取り込みが提案されている。そのなかで、既存の竹林を保護・管理すれば、気候変動を和らげる手段になりうるとも言われている。[10] ただし、これについては異論がないわけでもないため、さらなる研究を行い、竹が本当にほかの植物より炭素の回収・貯蔵能力に優れているのかどうかを調べる必要がある。

消費財に関する現代の議論によく登場する言葉のなかには、竹に関係するものがほかにふたつある。ひとつは「ライフサイクル・アセスメント」だ。これは、一般的に認められている方法に従い、商品やサービスが環境におよぼす影響を体系的に評価することを指す。[11] もうひとつは「トリプル・ボトムライン」である。こちらは、社会的・環境的・経済的側面から持続可能性を評価することを意味する。[12] たとえば、プラスチック樹脂製の椅子は、安価で、腐食に強く、壊れにくいかもしれない。だがそれは、化石燃料を使って製造・配送されているため、大気中に有毒な化学物質を排出しているうえ、生分解されるまでに長い年月がかかる。それに対し、竹がライフサイクル・アセスメントを通じて環境への負荷が少ない資材と見なされ（トリプル・ボトムラインの評価がよく）、二酸化炭素吸収源として高い価値があると証明され、持続可能性の観点からほかにも貴重な製品を提供できるとなればどうだろう？　同じ椅子をつくるなら、プラスチック製より竹製のほうがいい。そのほうがフットプリントが抑制され、持続可能性が高まるからだ。これらの問題については、のちに竹の可能性を論じる際に考察したい。

＊

とはいえ、竹が地球を救うとか、竹が人類を救うと言いたいわけではない。本書の目的はむしろ、この地球における竹の存在意義（それは自然界だけに限らない）や、人間との関係、野生生物とのつながりを紹介し、竹に関する理解を広げてもらうことにある。

ジャイアントパンダの苦境がテレビで報道されて以来、世界中の動物園にパンダが貸し出されるなど、「パンダを救う」試みがメディアの注目を集めている。そのためいまでは、ジャイアントパンダの大好物が竹だということは、小さな子どもでさえ知っている。しかし、助けを必要としている哺乳類や爬虫類、鳥、昆虫、無脊椎動物は、ほかにもたくさんいる。その多くは、ジャイアントパンダと同じ問題に悩まされている。

動植物生息地の減少、増大する人口、食料の不足、放牧地の断片化はいずれも、こうした生物にもそのすみかとなる竹林にも破壊的な影響をおよぼす。世界にはさまざまな種の竹があり、それぞれに特有の動物相がある。木本《もくほん》タケ類が広い土地を覆っている（あるいはかつて覆っていた）ところは特にそうだ。動物はそれぞれ、竹林に棲んで捕食者や厳しい気候から身を守る、竹の葉ややわらかい新芽や豊富な種子を食べる、竹の葉や枝やとげで巣をつくる、といった形で竹を利用している。生態系の仕組みや、竹林を保全する必要性を理解するには、こうした知識が欠かせない。[13]

生物の保護は人間の義務である。それに異を唱える人はあまりいないだろう。最近では、古木や巨木、神聖視されてきた木や歴史的に重要な木を守ろうとする取り組みが行われている。アシカやアザラシ、クジラ、ゾウを守る組織も設立されている。１９７０年代には、「スネイル・ダーター」という小さな魚を守るために、テネシー川流域開発公社が水力発電ダムの建設を遅らせた例も

斑入りの竹の葉の上にいるカタツムリ

あった。[14] 環境やそれに対する人間のフットプリントを議論する際には、考慮すべき倫理的問題がたくさんある。

このように、この世界を守らなければならないのはもちろんだが、人間には美しい植物で家や庭を飾りたいという欲求もある。これにも大半の人が賛成してくれるだろう。その点で竹は、無数の実用的用途、生物多様性における重要な役割、現代的な可能性を担っているだけでなく、実に魅力に富んだ植物でもある。微風に揺れる葉ずれの音、強風に押されてぶつかり合う巨大な稈の響き、雪が降ったあとのしんとした静けさは、この驚くべき植物がもたらすさまざまな官能のほんの一部でしかない。葉の影、天を突く雄大な樹冠、堂々たる稈がつくる大聖堂のようなアーチなど、竹は私たちの視覚を刺激する。これほどの郷愁や畏敬の念を呼び覚ます植物はなかなかない。いまではその竹が、新たな展望まで生み出そうとしている。

第1章　分布、種類、分類

竹は原始的な植物であり、恐竜の時代には存在していた。だが、現代の遺伝子解析によると、米や小麦、大麦などの近縁種とは違い、大半のイネ科植物より高度に進化しているという。森林から現れてその環境に適応し、そこで特殊な地位を占めるに至ったのである。[1] 竹の特性としてはまず、ある植物相の先駆者となって拡散していく点があげられる。ただし、コスタリカやブラジルの林床に見られるシダのような竹から、インドネシアなどの東南アジアに見られる巨大な塔のような竹まで、その習性、生息環境、生態系における役割はさまざまだ。風媒《ふうばい》や虫媒で受粉するが、毎年開花する種もあれば、散発的に開花する種、まれにしか開花しない種もある。

竹はまず、7000万〜5500万年前にゴンドワナ大陸の熱帯低地で進化した。大陸内部が乾燥して景観が開けてきた第三紀半ばになると、陸生《りくせい》のイネ科植物が開けた環境に生息域を拡大しはじめたが、大半の竹は森林環境にとどまった。[2]

竹というと、ジャイアントパンダが食べるアジアの巨大な竹を思い浮かべる人が多いが、実際の

満開のオクシテナンテラ・アビシニカ（*Oxytenanthera abyssinica*）。東アフリカや中央アフリカの低地によく見られ、サバンナ・バンブーとも呼ばれる。

竹は、海抜0メートルの低地から森林限界［高木が生育できず森林を形成できない限界線］を超える高地まで、さまざまな気候帯に分布しており、前述したように、南極とヨーロッパを除くあらゆる大陸に自生している。ただし化石調査により、かつてはヨーロッパでも竹が植物相の一部を構成していたことが判明している。化石化した竹のDNAを調べてみたところ、最初期の竹は2600万年前にさかのぼるという。[3] 竹が生育している大陸ならどこでも、それに頼って生きている生物群がいる。中国のジャイアントパンダはその一例にすぎない。

竹は、生態学的に見てきわめて多様だ。林床をはうように地面を覆う種もあれば、数平方キロにわたり山岳地帯を占有するように広がる種もある。また、先駆種として空き地に最初に生える種もあれば、侵略的なつる植物のように、ほかの植物を伝ってはい登っていく種もある。地球上における竹の分布は主に、降水量、気温、高度、土壌に左右される。気候的には、降水量の多い地域（年間1200～6300ミリ、あるいはそれ以上）を好むが、年間750ミリほどしか雨が降らない乾燥した落葉樹林でも生育する。海岸に隣接した地域では、相対湿度が分布に大きく関係しているようだ。光量については、強烈な日光を求める種もあれば、ほかの高木の陰で日光を避ける種もある。[4]

竹の種類が豊富なように、竹が暮らす生育環境も多様性に富んでいる。竹は、気候的に生育に適した場所であれば、さまざまな母岩《ぼがん》に由来する幅広い種類の土壌で生育する。生態系内にはたいてい竹の種ごとに独自の適地があるため、異なる種が混在したり密接に結びついて生育したりすることはほとんどない。適度な栄養や水分があれば、山腹や、水はけのよい砂壌土やローム質土壌でも

空へ向かって伸びる竹林

繁茂する。土壌の水分は、さまざまな竹の種の分布に影響を与え、竹の更新や茂みの大きさに大きくかかわる重要な要素となる。また、酸性やアルカリ性がきわめて高い土壌や塩分が多い土壌ではまったくと言っていいほど見られず、やや酸性か中性に近い土壌を好む。なかには、川岸のように、きわめて水分の多い粘土質の土壌に耐えられる種もあれば、乾生植物が生育するような気候条件でも生き延びられる種もある。[5] このような種には地下茎の一部に気道が見られ、特殊な形態学的適応進化により、こうした特殊な生態学的地位を占めることが可能になっている（地下茎は根のような役割を果たしており、その芽から実際の根が生えている）。[6]

竹が純群落を構成することはほとんどなく、一般的にはほかの樹種の下層や、さまざまな種が混在する草原に見られる。また、森林内の小さな領域（100ヘクタール未満）にとどまる種もあれば、200万ヘクタールを超える広大な森林の全域に分布する種もある。推計によれば、アジアだけでも、竹を含んでいる可能性のある土地は630万ヘクタール以上におよぶ。[7]

竹には一般的に、空へ向けて中空の茎を垂直に伸ばしているイメージがあるが、実際のところ、そのような姿をしているのはわずか数属にすぎない。これは、南太平洋や中国の森林に見られる竹で、「木本《もくほん》タケ類」と呼ばれる。それ以外にも、竹には多くの種類があり、形も大きさもそれぞれ異なる。そのため、南アメリカの亜熱帯地方や火山の斜面を散策しているときに竹に出くわしても、それが竹とは気づかず、単なる草の茂み、全面に広がる牧草、イバラがからみ合う群落のようにしか見えないかもしれない。南アメリカ大陸の北部、コロンビアやエクアドルの低地や中高地では、グアドゥア・アングスティフォリア（*Guadua angustifolia*）を主とするグアドゥア属の竹の密林が、

竹はたいてい混合林のなかで生育し、純群落を構成することはほとんどない。

竹にも花はある。写真はクスケア属の竹の花。

重要な植生を構成している。[8] またアマゾン川流域では、竹が支配的な地域が12万1000～18万平方キロにおよぶが、[9] 一部の種にとげがあるため入り込めないところが多い。

ただし、竹の純群落がないわけではない。また、数百年にわたり管理されている竹の栽培地もある（中国の浙江省に大規模なものがある）。そのほか、栽培地が放棄された結果、木本タケ類が森林を侵略して支配し、在来樹種の更新を妨げている地域もある。[10]

マダケの姿はきわめて印象的だ。毎年、広く張りめぐらせた地下茎から巨大な芽（タケノコ）を出す。この芽の直径は、その芽が成長したときの茎（稈）の直径に等しく、それがわずか数週間のうちに、潜望鏡のように地面から出て、空へと伸びていく。この稈の最終的な高さが40メートルだとすると、その最初の成長期の間にそこまで伸び、あとはそれ以上高くなることも

やわらかく優美な雰囲気のあるモウソウチクの葉

太くなることもない。この成長の速さが、「竹が育つのが見える」と言われるゆえんである。実際、1日に1メートル以上伸びる種もあり、最適な気候帯に分布する温帯性木本タケ類や東南アジア全域に分布する熱帯性木本タケ類になると、地面から芽を出して数週間もしないうちにかなりの高さに達する。個々の稈はそれ以降、寿命が尽きるまでの残りの時間を、葉を増やし、枝や地下茎や根を伸ばし、家族や共同体を広げていくことに費やす。樹木のように、樹高を伸ばすことも、幹を太くすることもない。こうして、地下茎を伸ばした先から新たな世代の芽を生み出し、一定期間（8〜10年）を経たのち、若い稈に未来を託して衰弱・枯死《こし》する。

竹は自然分布域が広く、およそ北緯46度から南緯47度まで、あるいは、海抜0メートルから（赤道直下の高地なら）4300メートルまでの間にわたり生息している。[11]ブラジルの大西洋岸の森林、中国の山岳地帯の雲霧林《うんむりん》、インドネシアの熱帯湿潤地域の低地、ヒマラヤ山脈の熱帯乾燥環境、日本や韓国の広大な温帯地域、チリの亜高山帯、北アメリカの沖積平野、いずれもが竹の原生地である。

シダ植物のような小型の竹は草本《そうほん》タケ類と呼ばれ、木質の組織がほとんどない。この草本タケ類（オリレアエ連、地図1を参照）の分布域は、とくに新熱帯区［南米・中米・西インド諸島の熱帯地域］に集中している。メキシコからアルゼンチン北部、パラグアイ、ブラジル南部に至る地域と西インド諸島に、20の属とおよそ110の種が見られる。[12]そのほか、1種のみで構成されるブエルゲルシオクロア属も草本タケ類だが、これはニューギニア島の固有種である。[13]これらの種が標高1000メートルを超える場所に現れることはまずない。なお、新熱帯区に生育する種のひとつ、オリラ・

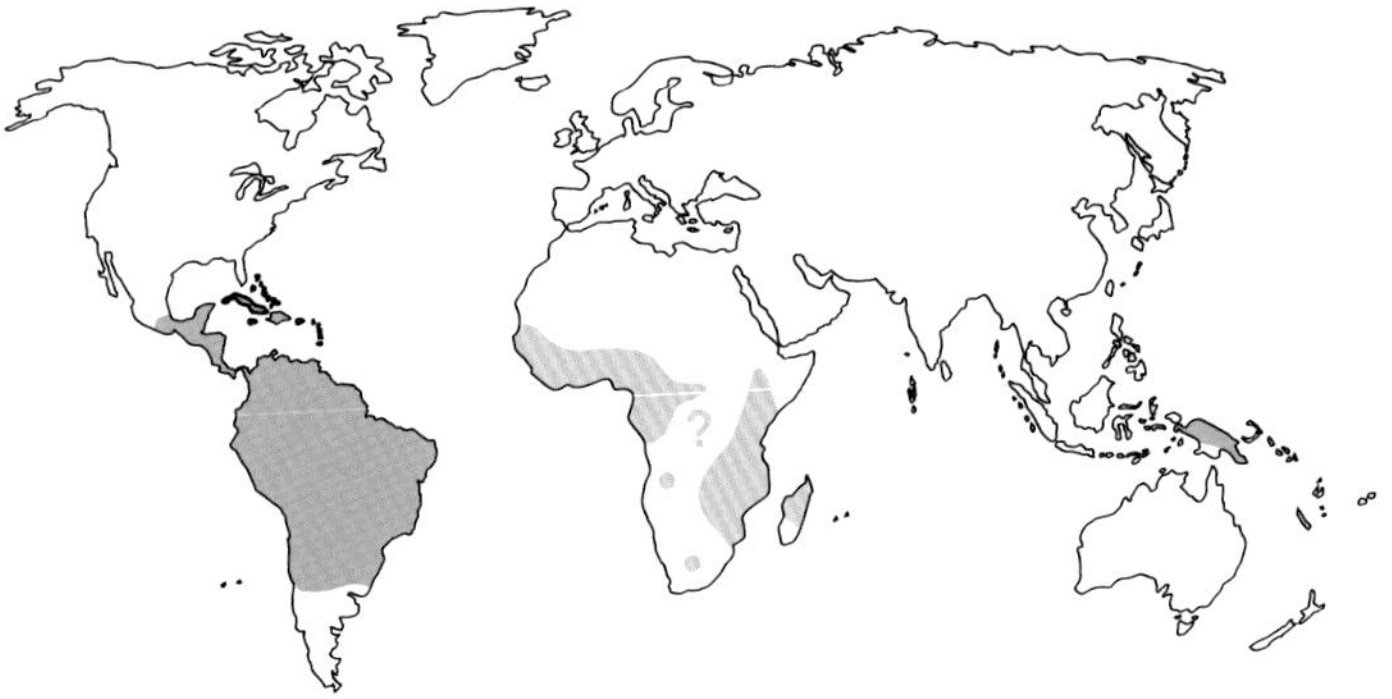

地図1　草本タケ類（オリレアエ連）の分布

ラティフォリア（*Olyra latifolia*）はやや雑草に近く、そこからもわかるように草本タケ類のなかではもっとも広く分布しており、新熱帯区全域のほか、アフリカの熱帯地方やマダガスカルでも見られる。ただし、アフリカの熱帯地方やマダガスカルに帰化している可能性もあり、これらの地に原生していたのかどうかについては、いまだに議論が続いている。そのため地図1では、ほかより薄い色で表示している。[14]

一方、木本タケ類（一般的に「竹」と呼ばれるもの、地図2参照）は、地理的にも高度的にも、草本タケ類よりはるかに広く分布している。[15]

木本タケ類は、大きく3つのグループに分けられる。旧熱帯区［サハラ砂漠以南のアフリカ、マダガスカル島、インド、熱帯東南アジアを含む地域］性木本タケ類、新熱帯区性木本タケ類、北温帯性木本タケ類である。旧熱帯区性木本タケ類（地図3）は、アフリカの熱帯・亜熱帯地方、マダガスカル、インド、スリランカ、東南アジア、中国南部、日本南部、オセアニアに分布している。[16]

それに対し、新熱帯区性木本タケ類は、メキシコ南部からアルゼンチンやチリまで、および西インド諸島に分布している。北温

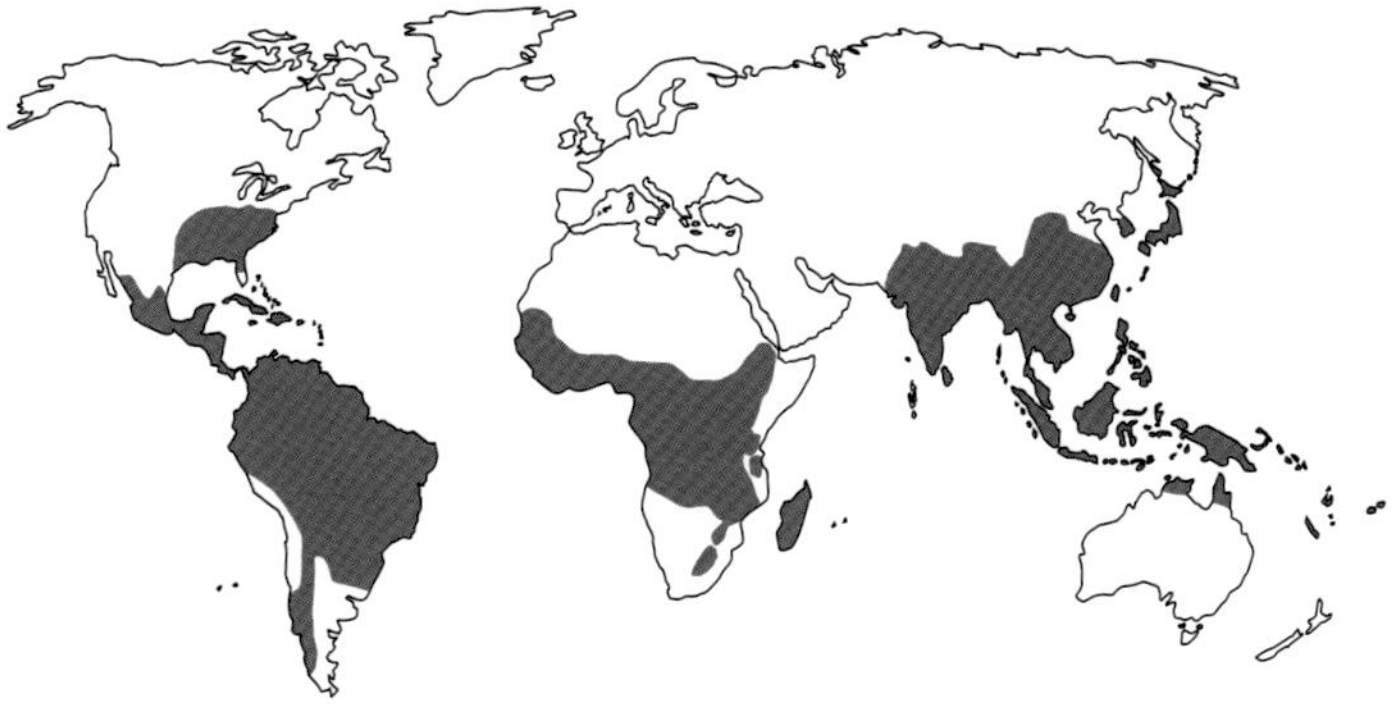

地図2　木本タケ類全体（タケ連）の分布

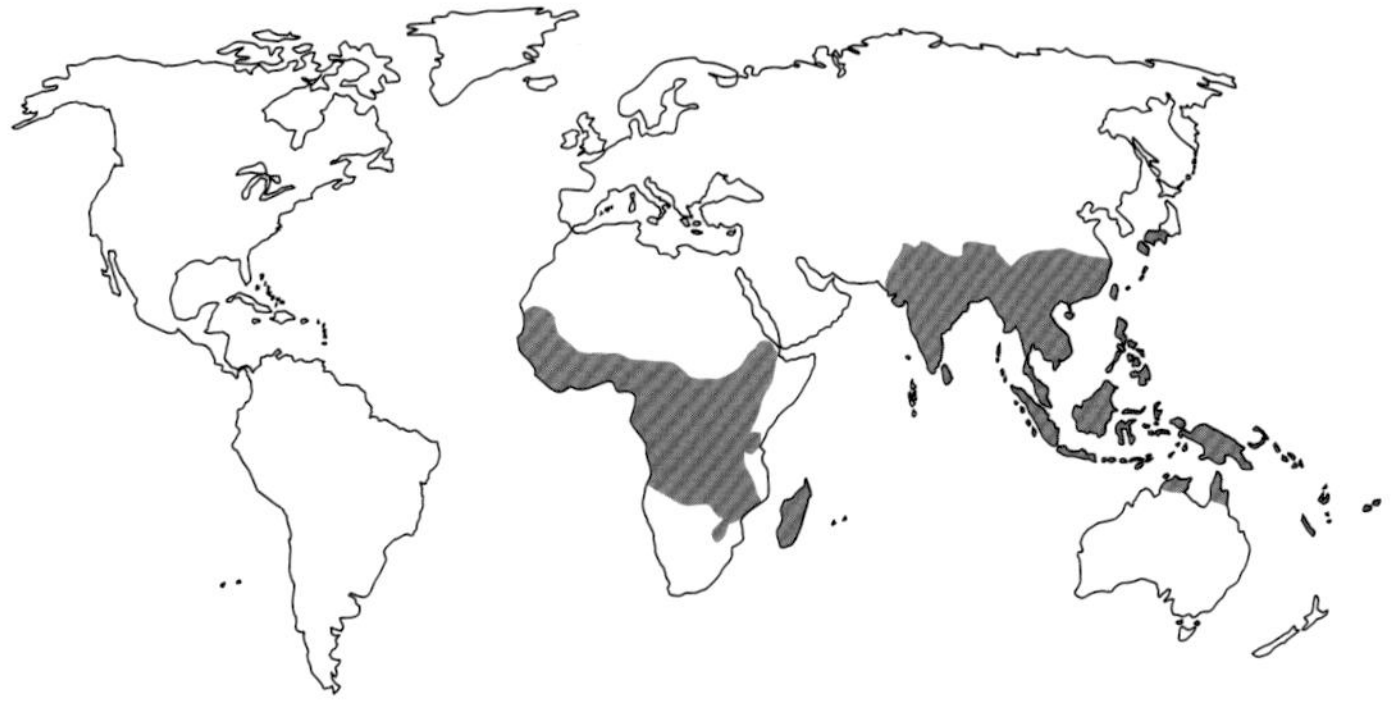

地図3　旧熱帯区性木本タケ類の分布

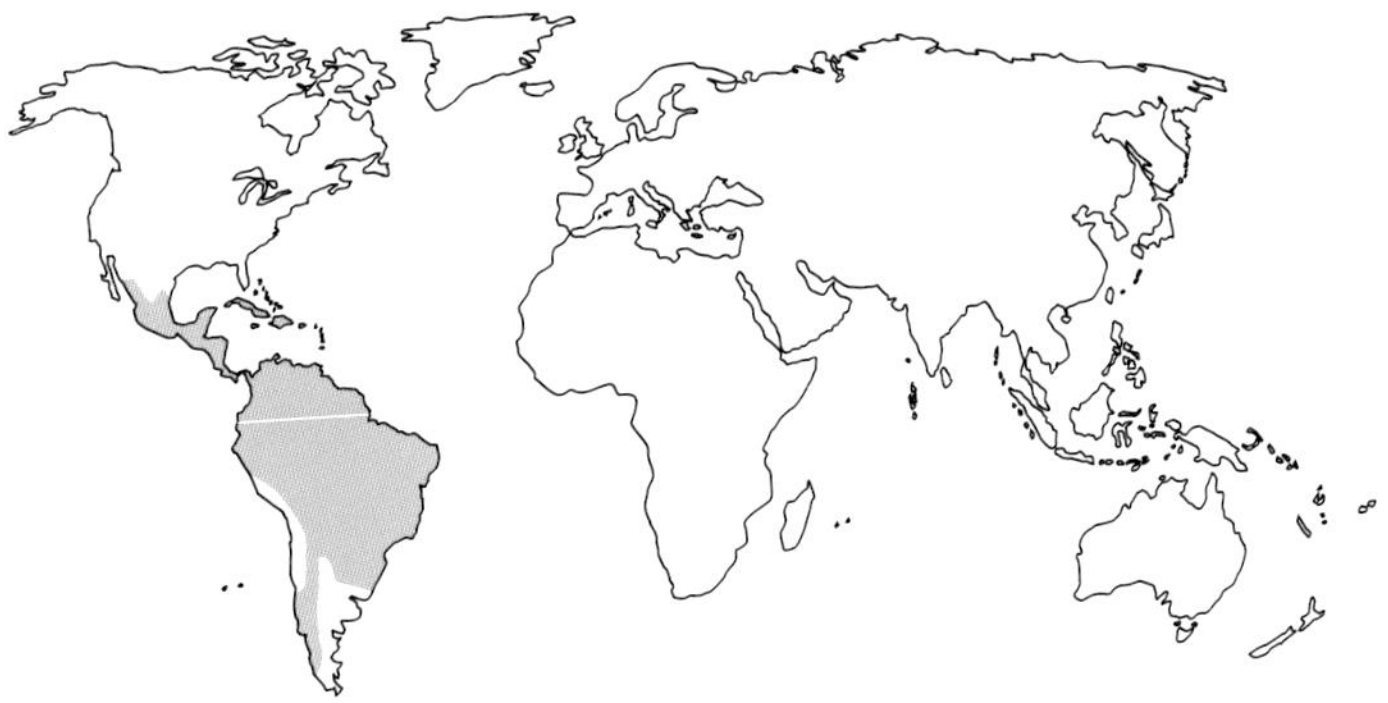

地図4　新熱帯区性木本タケ類の分布

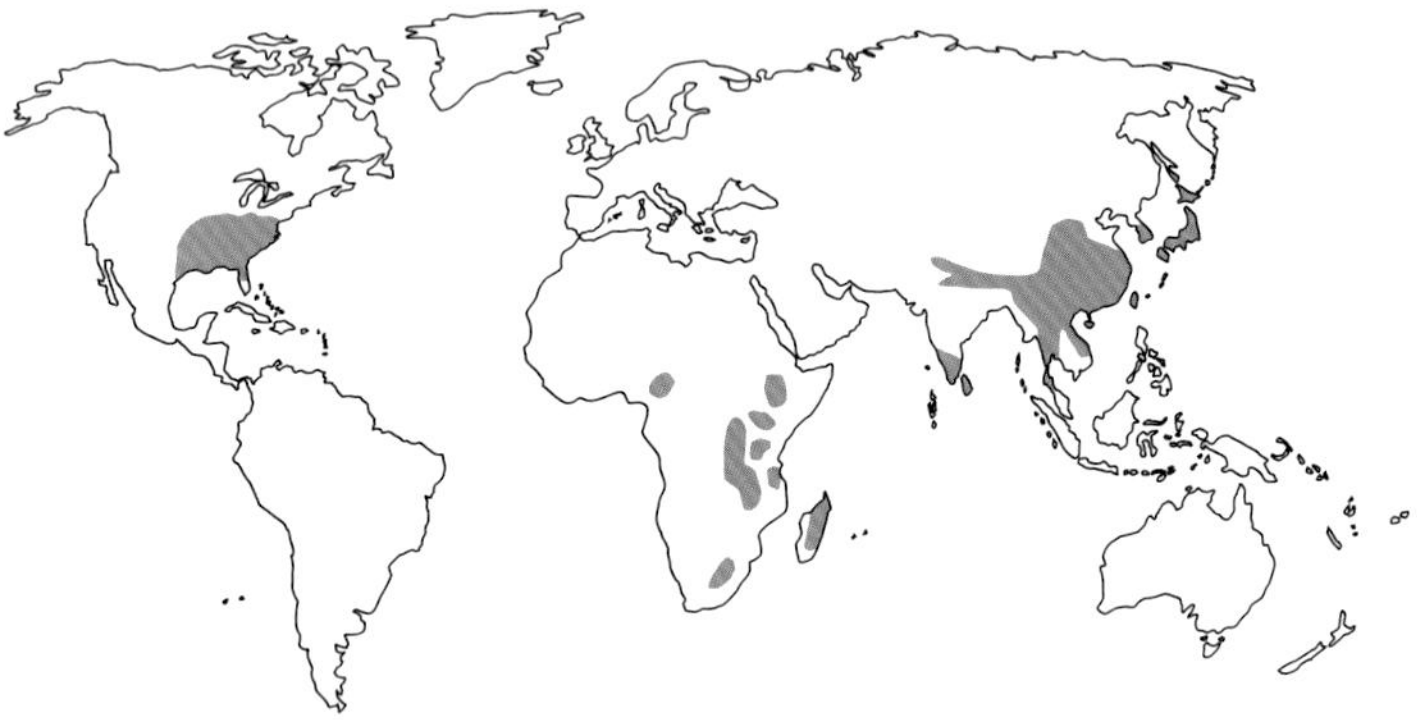

地図5　温帯性木本タケ類の分布

帯性木本タケ類は、北温帯に多様な種が幅広く存在しているが、アフリカの一部、マダガスカル、インド南部、スリランカ、東南アジアの高地に生育している種もある。[17]

世界に１２００種ある竹の半分近くは、北アメリカや南アメリカ、カリブ海の原産である。これらはまた、アジア産の竹より多様性が高いが、それが学界で認識されたのは、まだほんの数十年前のことである。[18]

ちなみに、植物に命名するための分類体系を構築したのは、カール・フォン・リンネである。その指針を提示した１７５３年の著書『植物の種 *Species Plantarum*』により、植物分類への道が切り開かれた。花部の研究をもとにしたこの体系が植物命名の出発点となり、現在に至っている。

植物が花を咲かせるのは周知の事実だが、目立たない花もあれば見目麗しい花もある。竹の花は目立たないほうだが、その一方で、驚異的なものとも考えられている。というのは、一部の種はめったに開花しないからであり（60年に1度だけという種もある）、開花するとその群落が一斉に枯死してしまう場合もあるからでもある。進化という観点から見ると竹は、繁殖を開花だけに頼らないという点で優れている。繁殖は主に、地下茎や根や新たな稈といった栄養器官を通じて行われる。種子から育った若い植物は自然の猛威に対して弱い場合があり、種子による繁殖法が進化的に有利だとは必ずしも言えない。

草本タケ類の大半は、晩夏に路傍で見かけるほかのイネ科植物同様、毎年開花する。だが、木本タケ類の多くは独自の開花周期を持つ。その理由についてはいまだ解明されていないため、一部の竹がまれにしか開花しない理由を本書に求めても、その回答はない。それでも、こうした一部の竹

チリの草原に自生するクスケア属の竹の茂み

1回結実性のファルゲシア・ムリエラエ（*Fargesia murielae*）。花粉に満ちた繊細な花を咲かせる。

が「群居性の1回結実性」を示す事実には、驚かざるを得ない。ひとつの群落全体が開花を始めると、葉や新芽をつくるのをやめ、全エネルギーを種子の産出に注ぎ込んで枯死する。「1回結実性」とは、種子が1回しかできないことを意味する。この種の竹は、生涯に1度だけ種子をつくって死ぬ。種子を残すために親が死ぬというのは、どんな仕組みによるのだろうか？　自然はそんな疑問にあふれている。

ある種の竹が長い生育期の果てに開花して枯死すると、その地の生態系に何が起きるだろうか？これは突然起きるうえに規模も大きいため、経済的・社会的に壊滅的な影響をおよぼす。第一に、その地の植生やそれに関係する野生生物など、生態系が多大な影響を受ける。第二に、土壌が侵食される可能性が高くなる。そして第三に、食料不足を生み出し、現地の人々に悪影響をおよぼす。最後の影響は、栄養豊かな竹の種子が実って食料が豊富になり、それをえさにする野ネズミが増殖したのちに、えさが一気に不足することが、主な原因である。この食料源がなくなると、増殖した獰猛《どうもう》なネズミたちは、ほかのえさを求めてあさりまわる。人間がそばに住んでいれば、各家庭に保管されている穀物を襲う。その結果、インド北東部のミズラム州では暴動が起きた。タイでは、リョウリダケの開花により、繁盛していたタケノコの輸出産業が大打撃を受けた。ザンビアでは、生活の支えとなっていた竹が枯死し、いくつもの村が消滅した。このように、竹の枯死により混乱が起きることもある。[19]

こうして開花・枯死した竹の群落は、たいてい自然に再生される。時間はかかるが、およそ6年もすれば、その地域にまた竹の群落が自然にできる。[20]

リョウリダケ（学名 *Dendrocalamus asper*）。資材にも食材にもなる人間にとってきわめて貴重な種である。

＊

竹はもともと、単軸型の種（地下茎が広範囲に伸びる）しか存在していなかったと思われる。この種は、地下茎を伸ばす時期と新芽や稈を伸ばす時期を交互に繰り返しながら、年中成長を続ける（土壌の温度にも左右される）。だが熱帯では、雨季のあとに長い乾季があり、水が不足するため、こうした成長パターンを維持できない。その結果、連軸型の種（地下茎は広がらずに凝集する）が生まれたと考えられている。この種は、地下茎と稈がほぼ一体化しているため、雨季の間にあらゆる成長を進め、ほかの時季は休んでいることができる。[21]

森林における竹の生態学的役割は、きわめて多面的である。竹は、森林の構成要素として自然に生育するが、地面を覆うような背の低い種もあれば、森林のなかの低木層を構成する種や、樹木並みの高さに達する種もある。その役割は、生育する森林の種類によって変わるが、間違いなく言えるのは、竹が生育しているところでは土壌侵食が少ないということである。[22]

また、森林の保護や更新にも一定の役割を果たしているようだ。竹の低木層があるアジアの原生林を詳細に調べてみると、竹のライフサイクルが樹木の個体群の年齢構成に影響をおよぼしていること、竹の一斉開花・枯死に合わせて樹木の更新が行われる傾向にあることがわかる。[23]

コスタリカでも、クスケア属の竹が一斉に開花・枯死するライフサイクルに従い、オーク林の更新が行われる。クスケア属の竹は普通、オーク林の低木層を構成する。この森林が安定した状態では、森林の下層に届く光が限られているため、低木層を構成するクスケア属の竹の茂みは大きくならない。ところが、火事や倒木などで森林にすき間ができると、そこに光が差し込むようになるため、クスケア属の竹はすぐさまそれに反応して成長し、その場を支配して、森林のすき間を自らの樹冠で埋めてしまう。こうなると樹木の若木は、竹の樹冠に光を遮られ、抑圧された状態で成長するしかない。だがやがてクスケア属の竹が一斉に開花して枯死すると、林床にまで光がおよび、抑圧された状態ですでに成長していた若木が一気に背を伸ばす。すると、新たな世代の竹はまた、こうして新たに形成された樹林の下層で生きていくことになる。[24]

竹はまた、攪乱《かくらん》された土地にも群落を形成できる。地下茎が発達しているため、火事に襲われた場所にも簡単に入り込める。インド東部やバングラデシュ、タイの全域に広く分布しているナシタケ（学名 *Melocanna baccifera*。現地では「ムリ」と呼ばれている）や、タイに分布するティルソスタキス属の種、ベトナムに分布するスキゾスタキウム属の種は主に、火事や開墾、伐採により熱帯雨林が壊滅したあとの2次植生として現れたものである。[25]

ここで再び、あの偉大な博物学者カール・フォン・リンネに話を戻そう。リンネはその著書『植物の種』のなかで、竹を「*Arundo bambos*」と記している。だが、現在「竹」と呼ばれている植物については、それよりはるか以前の文献でも言及されている。西洋の文献で初めて竹がくわしく紹介されたのは、アレクサンドロス大王からアリストテレスに宛てた手紙である。17世紀前半には、バーゼル（スイス）の植物学者ギャスパール・ボアンが、インドで採集した木質のアシに「*Arundo arbor*」という名称を採用したが、1623年に出版した『植物対照図表 *Pinax theatri botanici*』では「Bambus」という名称を用いている。この言葉が、のちにリンネにより「*Arundo bambos*」として採用され、ホウライチク属を意味する「*Bambusa*」の語源になった。こうして、竹を命名し、科学的に分類する長い旅路が始まった。[26]

現代のDNA解析法や遺伝子指紋法など、種の判定・分類技術の向上により、竹の分類にまつわる混乱は続々と解消されつつある。[27] 新たな発見により、竹の系統発生や名称の再編が継続的に行われている。

竹は、植物のさまざまなカテゴリーに分類される。第一に、被子植物である。被子植物とは、開花し、内胚乳《ないはいにゅう》を持つ種子をつくり、種子を含む果実を生み出す植物全般を指す。顕花《けんか》植物［有性生殖の手段として花を咲かせる植物］のうち、被子植物でないものは裸子植物と呼ばれ、針葉樹やソテツやイチョウが含まれる。藻やコケ、シダは、花を咲かせない原始的な植物である。第二に、単子葉植物である。これは、種子が発芽して最初に出る葉（子葉）が、2枚ではなく1枚しかない顕花植物を指す。竹は最初、イネ科植物の細長い葉のような、まっすぐ上に伸びる芽を出す。第三に、単子葉植物から分岐したツユクサ亜綱に属する。これには、植物のさまざまな目《もく》が含まれる。ヤシ目（Arecales）、ツユクサ目（Commelinales、ムラサキツユクサやホテイアオイ）、イネ目（Poales、竹やイネ、小麦、トウモロコシ、サトウキビなどのイネ科植物、イグサ、パイナップルなどのアナナス類）、ショウガ目（Zingiberales、ショウガやバナナ）などである。イネ目は一般的に、苞《ほう》（花の基部にある葉のような部分）に包まれたごく小さな花を房状（花房）につけ、大半がデンプンを含む種子をつくる。また、多くは風媒で受粉する。[28]

イネ科の植物は、英語では単に「grass」と呼ばれる。このグループの植物には、小麦、大麦、オー

タケノコを拡大してみると複雑な形態をしていることがわかる。タケノコはよく種の判定に利用される。写真はクロチク（学名 *Phyllostachys nigra*）。

ト麦、米、マコモ、トウモロコシ、モロコシ、サトウキビ、アワなど、主食となるものが多い。一定間隔ごとに節でふさがれた中空の茎（稈）を備え、下部の葉鞘《ようしょう》と上部の葉身《ようしん》から成る平行脈の葉を互生させる。葉鞘と葉身の間の継ぎ目には、薄い膜状の葉舌《ようぜつ》がある。花は両性花（ひとつの花に雄しべと雌しべがある。トウモロコシは例外）で、小穂《しょうすい》を形成する。果実（種子）は「穎果《えいか》」と呼ばれ、種皮と果皮が一体化している。イネ科には12の亜科があり、そのひとつがタケ亜科（Bambusoideae）である（付録1参照）。

タケ亜科の植物の花には、柱頭《ちゅうとう》（雌しべのなかの花粉を受ける部分）が3つある。このグループは、さらに木本タケ類と草本タケ類に分かれる。草本タケ類は木本タケ類より種を特定しにくい。木本タケ類は樹木に近い姿をしている。かつては、タケ亜科の植物はイネ科植物のなかでも原始的なものと考えられていた。だが現在では、新たに発見された有力な証拠に基づき、イネ科植物の多様性の一翼を担う主要な一系統であり、決して原始的な植物ではないと見なされている。しかもタケ亜科は、イネ科のなかでは唯一、主に森林環境で多様化した系統である。[29]

したがって、釣り竿のように分節化された背の高い茎という竹の一般的なイメージは、さまざまな形で人間文化に利用されてきたいくつかの属（マダケ属、デンドロカラムス属、ホウライチク属など）の特徴を示しているにすぎない。竹の形、習性、大きさ、色、枝、葉、花は驚くほど多様である。この巨大な植物グループが広く誤解されてきたのは、そのためかもしれない。

つまりここで言いたいのは、竹は一様ではなく、きわめて多様な種で大きなグループを構成しているということだ。北半球や西半球に暮らす人々の大半が、竹はアジアの植物だと思っているが、

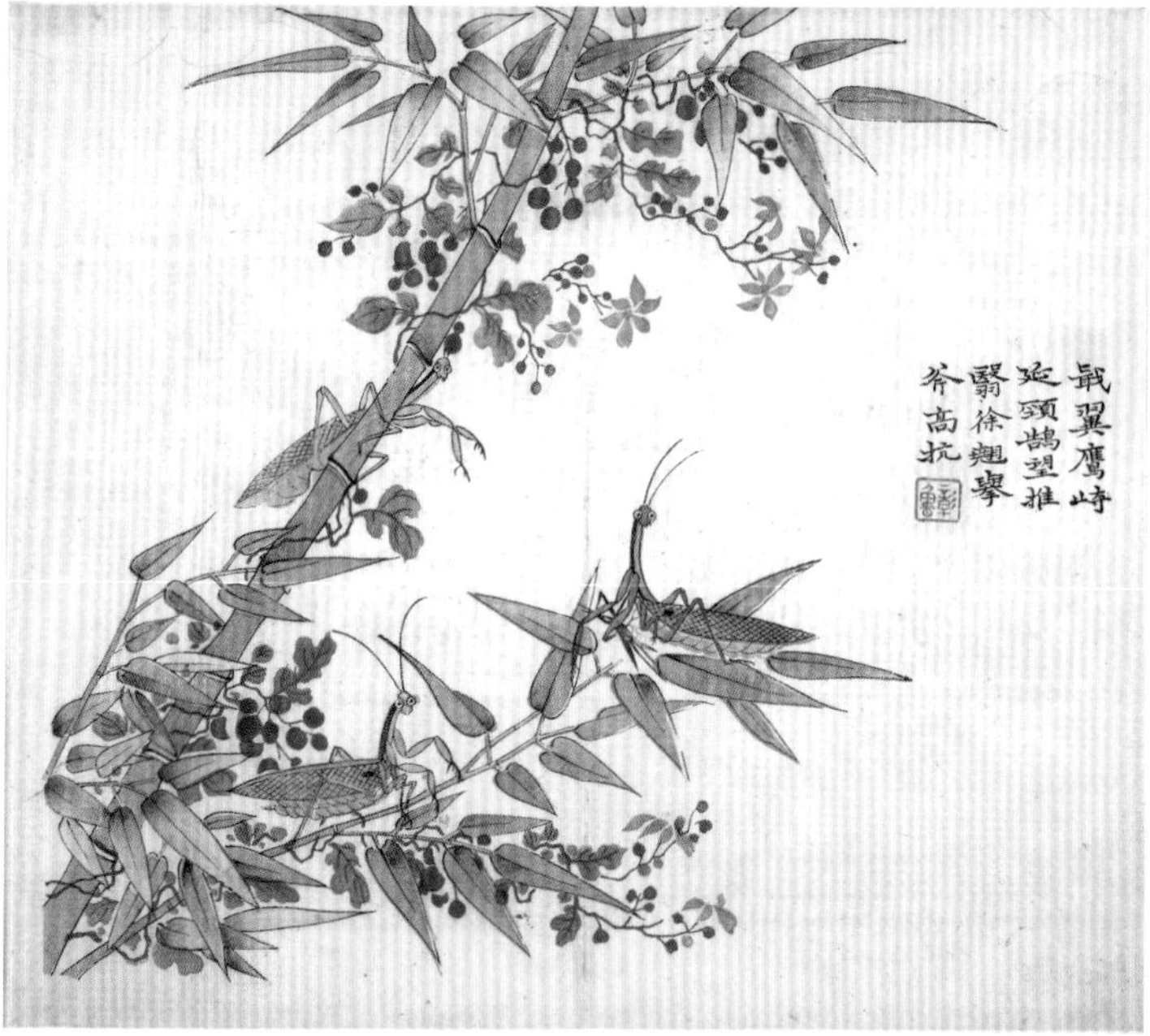

竹とカマキリ。中国の清時代（1701年頃）に制作された『芥子園画伝』の木版画。美しい筆跡の詩と作者の落款印が添えられている。

竹はアジアのほか、アメリカ、アフリカ、インド、ブラジルなど、あちこちにある。また、古くから存在する植物だが、進化・適応した結果、いまでも世界中のさまざまな自然環境や人工環境になくてはならないものとなっている。

第2章　園芸

人間は数世紀にわたり、日常的な問題を解決するため、あるいは毎日の生活を向上させるために、周囲の環境にはない植物を探し求めてきた。植物の開拓者たちは、新たな植物を求めて海外へ出かけ、食料や鑑賞対象として栽培できそうな植物を持ち帰った。こうした植物の栽培はやがて、園芸へと進化した。

アジアの庭園では、竹が苦もなく重要な地位を手に入れた。それは、力強い象徴的意味や精神的意義を持つものとして重視されていたからでもあり、建築資材や食材など、日常的なさまざまな用途に利用できたからでもある。竹が、地元で利用できるよう村のあちこちに植えられていたり、その象徴的意味に従って寺社のまわりに植えられていたりするのは、アジアではめずらしいことではない。

西洋では近代になって、ヴィクトリア朝時代の植物収集家たちが中国や日本、チリといったはるかかなたの地から、イギリスなどヨーロッパ各地にこの植物を持ち込んで以来、園芸に竹が利用さ

礒田湖龍斎（いそだこりゅうさい）の木版画（1760～80年頃）。モウソウチクのタケノコを採ろうと、雪が積もった地面を掘っている女性が描かれている。

江戸時代の画家、日高鉄翁（ひだかてつおう）による竹の水墨画（1855年）

れるようになった。それを証明する文献は無数にある。1868年には、ウィリアム・マンローの『タケ科論 *A Monograph of the Bambusaceae*』がロンドン・リンネ協会から出版され、この植物への学会の関心が高まった。だが、イギリス諸島全域でこの異国の植物が流行する契機になったのは、1896年に出版されたA・B・フリーマン＝ミットフォードの『竹の庭 *The Bamboo Garden*』である。

フリーマン＝ピットフォードは、この本の序文で雄弁にこう語っている。

私たちの祖先は、手入れの行き届いた庭園に憩い、当時身につけていたひだ襟のようにごわごわしたイチイの生垣に囲まれた芝生の上で、優雅にボウリング遊びをしていた。そんな過去の庭園と現代の庭園とを区別する最大の違いをひとつ挙げるとすれば、それは、植物の色の美しさではなく形の美しさに価値を置いているところだ。タケ科の大小の竹を最良の状態で見たことがある人なら誰もが、竹がその点できわめて優れていることを否定しはしないだろう。

この本には続いて、19世紀にイギリスに持ち込まれたさまざまな園芸品種の竹が紹介されている。だがその当時でさえ、竹の命名にまつわる混乱はすでにあり、盛んに議論が行われていた。

世界に目を向けると、カルカッタで王立植物園標本室の室長を務め、その後インドネシアで竹を研究していた若きドイツ人、ヴィルヘルム・ズルピッツ・クルツも、『竹とその利用 Bamboo and its Use』（1876年）という論文を発表している。あいにくクルツは、インドの竹の研究報告を書

竹林にたたずむC・J・エドワーズ博士の写真（1902年頃、ルイジアナ州アブビルにて）。W・E・リンスコームおよびヴァーミリオン歴史協会提供。竹の高さは18メートル、直径は18センチと記されている。

熱帯に生えるダイサンチク（学名 *Bambusa vulgaris*）の園芸品種「ワミン」。節間が奇妙に圧縮されている。

き終える前に死亡したが、ジェームズ・サイクス・ギャンブルが後に、クルツの観察記録やメモ、標本をもとに、イギリス領インドの竹に関する論文を書きあげた。ギャンブルとは、ロンドンで生まれ、フランスで教育を受けたのち、1890年から1899年まで10年近くにわたり、インドのデラドゥーンにある帝国森林学校の校長を務めた人物である。[1]

19世紀の末頃には、イギリス人のサー・アーネスト・サトウが、日本の片山直人の著作『日本竹《にほんちく》譜《ふ》』（1885年）の翻訳書を出版した。1899年に日本アジア協会から出版されたこの書籍『日本の竹の栽培 *The Cultivation of Bamboos in Japan*』には、さまざまな種のラテン名が記されているが、その大半は、当時植物の命名を管理していた機関が定めた厳密な規則に従っていない。ただしこの本は、さまざまな竹の和名が記されているという点できわめて有益である。幸いにも、和名は数世紀にわたり変わっていないからだ。[2]

竹の種を適切に命名するのは、当時どころか、いまでも難しい。植物の分類は花部に基づいているが（リンネ式分類体系）、大半の竹はまれにしか花を咲かせない。そのため、重要な園芸品種の竹に関する過去400年の文献には、名前の食い違いが無数にある。

だが、イギリス人と協力してビルマやインドの森林を研究し、1878年にインドに帝国森林学校を設立したドイツ人のサー・ディートリヒ・ブランディスが、1907年に竹の葉の構造や形状に関する画期的な論文を発表した（ブランディスは竹を主に研究していたわけではなかったにもかかわらずである）。これにより竹の分類は進歩し、さらなる理解が進んだ。[3]

1880年代後半には、パリの国立自然史博物館の植物学者アドリアン・フランシェがサトウと

日本の古い竹林を貫く道を歩いているふたりの男の写真（1890年代）。マイケル・マスラン撮影。

ともに、さまざまな竹に関する出版物を刊行した。フランシェはそのなかで、きわめて興味深い木本タケ類の執筆を担当している。リオデジャネイロ出身のフランス人造園家兼植物学者M・グラジウーにちなんで1889年に命名されたブラジル産のグラジオフィトン属や、中国の四川省で活躍したフランス人宣教師ファルジュ神父にちなんで1893年に命名されたファルゲシア属の竹などである。[4]

1906年には、ベルギーのジャン・ウーゾー・ド・ルエが、『竹——その研究・栽培・利用 *Le Bambou Son Etude, Sa Culture, Son Emploi*』と題する定期刊行物の執筆を始めた。それにはこう記されている。

この刊行物の目的は、植物学者や竹の愛好家によろこびを提供することにある。〔中略〕つまり、園芸におけるこの植物の価値を伝え、栽培方法や採集場所に関する情報を提供し、公園や庭園に竹をできるかぎり普及させることを目的とする。

フランス語で記されたこの刊行物は、気候的に適したヨーロッパの地に竹を植えてみたいと願う人々にとって貴重な情報源となったに違いない。E・G・カミュによるフランス語の書籍『竹——概論・生物学的解説・栽培・主な用途 *Les Bambusées: Monographie, Biologie, Culture, Principaux Usages*』(1912年)も、同じような役割を担った。これらの出版物は、庭園における竹の利用法を主なテーマにしているが、竹に驚くほど多様な種が存在することや、竹がさまざまな用途に適しており社会

ローマ植物園のマダケ属の竹林

や環境のためになることにも言及している。

竹の採集・交易・利用は、ヨーロッパを越えてアメリカにも広まった。1961年8月にはアメリカ農務省が、ロバート・A・ヤングとJ・R・ファンの共著『装飾用の竹を育てる *Growing Ornamental Bamboo*』を出版した（USDA Bulletin No. 76）。中国や日本、韓国からアメリカへの竹の輸入が急増している状況を受け、庭園に利用できるアジア産の竹を紹介した小冊子である。当時輸入が増えた背景には、木材の代替品として紙パルプの原料に利用するなど、国内利用の可能性を研究・調査する目的もあった。だが、集中的な研究が行われ、有益な成果が出ていたにもかかわらず、アメリカで竹が産業化されることはなかった。

同時期には、イネ科を専門とするアルゼンチンの植物学教授ロレンゾ・R・パロディが、自国の標本の調査に基づいてタケ亜科という区分を設け、木本タケ類をすべて、その下位区分であるタケ連とした。また日本では、英語の重要な書籍『竹の生理の研究 *Studies on the Physiology of Bamboo*』が出版された。執筆したのは、竹研究の第一人者とされていた京都大学の教授、上田弘一郎である。[5]この本は、竹の生育の仕方、開花、竹の栽培や利用に関する応用研究など、竹の生理に関する知られざる側面を明らかにしており、竹を植物学的・園芸学的に理解するうえで多大な貢献を果たした書籍と言われている。

それから数年後の1966年には、またしても貴重な文献が登場した。フロイド・アロンゾ・マクルーアによる著作『竹――新たな視点から *The Bamboo: A Fresh Perspective*』である。アメリカ人のマクルーアは、中国で生物の教師を務めながら、アメリカ農務省の農業調査官として働いていたと

当時流行していた竹を描いた陶製の皿（1869年）。フランスの陶芸家、ジョゼフ・ローラン・ブーヴィエ作。

竹で好奇心をそそる迷路をつくれば、奇抜で楽しい庭になる。このような用途には、複軸型のホウライチク（学名 *Bambusa multiplex*）がいい。

きに竹と出会った。その後、中国で竹に囲まれた生活を送り、早くも1934年にはスキゾスタキウム属の竹の小穂の形態研究に取り組んでいる。後にはスミソニアン研究所の研究員となり、記念碑的なドイツ語論文『自然植物の科 *Die Natürlichen Pflanzenfamilien*』に記された竹の属の全面改訂を試みた。しかし残念ながら、1970年の死により、このプロジェクトは未完のまま、新世界の竹を分類しただけに終わった。マクルーアは、竹の植物学的・園芸学的なあらゆる側面の研究に生涯を捧げた。その結果生まれた『竹――新たな視点から』は、きわめて包括的・総合的な竹の「バイブル」としていまだに高く評価されており、1993年に再版されてもいる。[6]

一方イギリスでは、1896年のフリーマン＝ミットフォードの著作以来、竹を専門に扱った書籍は出版されていなかったが、70年以上ののちの1968年にアレクサンダー・H・ローソンが『竹 *Bamboos*』を出版した。これは、温帯性（耐寒性）の竹だけに特化した初の書籍であり、その栽培法や繁殖法、庭園環境での可能性などが幅広く論じられている。この本により多くの園芸家や植物愛好家が、これまでの俗説を打破し、自信をもってこれらの竹を現代の景観に生かせるようになった。

竹は、独自の性質を備えた、幅広い環境に耐えられる植物として、その地位を確立していった。実際、その姿は、キュー・ガーデンやウェイクハースト・プレイスやウィズレー王立園芸協会植物園といった立派な園芸施設にも、もっと小規模な家庭の庭にも見られる。新たに持ち込まれた海外の植物を積極的に利用していた園芸家たちは、ほかの植物と同様に竹を受け入れた。それは、19世紀末から20世紀初頭にコーンウォールにつくられたいくつもの渓谷庭園が証明している。竹は、厳

美しいストライプの入った竹。装飾用の園芸植物として好まれる。

しい気候のなかでも急速に育ち、寒い冬にも緑を茂らせ、異国的な雰囲気を生み出す。カラフルな茎や明るい斑の入った葉を持つ種も多く、現地に生えている常緑樹をみごとに引き立てる。また、たちまち仕切りや生垣をつくりあげる種もあれば、従来の芝草では維持しにくい斜面を覆い尽くすように生え、侵食を防いでくれる種もある。

＊

1855年、フランスのセヴェンヌ地方でウジェーヌ・マゼルという人物が、自分の夢を果たそうと竹農園の開発に乗り出した。その地を選んだのは、その地域の自然条件や気候が竹にぴったりだったからだ。マゼルは、大規模な用水路を構築してガルドン川から必要な水を引き込み、その夢をみごと達成した。だが、多額の資金を費やしたため資金不足に陥り、1902年にはその農園をガストン・ネーグルに売却した。事業を引き継いだネーグルは、マゼルの竹コレクションの回復・補充に全精力を注ぎ込んだ。その結果この農園は、多種多様な植物、みごとな庭園、広大な竹林（なかには高さ25メートルを超える林もある）、竹の迷路、小売店を備えた植物園となった。いまでは、竹の壮麗な姿を求める人々のあこがれの地と化している。[7]

竹には、ドイツやデンマーク、オランダ、アメリカ北東部の寒冷な気候に耐えられるものもある。そのような種がいろいろ紹介されると、植物愛好家の好奇心はさらに刺激された。竹には「熱帯」的な雰囲気があり、大半の庭に見られる一般的な植物のなかに加えれば、得も言われぬ魅力を醸し出す。1979年にはアメリカで、竹愛好家の情報交換や交流を目的に、アメリカ竹協会（Ameri-

北部の気候に適した耐寒性の竹にも豊富な種類があり、中国の高地に自生している。写真はファルゲシア属の竹。

世界竹機構の公式ロゴ。竹の持続可能な開発の促進を目的としている。ロゴのデザインは、ウォーターシェッド・メディアのカール・スタイアーによる。

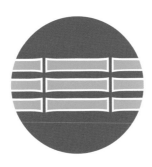

can Bamboo Society）が設立された。[8] 同協会は、販売会やオークションを通じてめったに見られない種を広め、会報や学術雑誌の出版を通じて知識の普及に努めた。１９８４年には、「竹マニア」を自称するデヴィッド・ファレリーが独創的な書籍『竹の本 *The Book of Bamboo*』を出版し、竹人気をさらにあおった。この本はその詩的な表現により高く評価され、いまでも初心者から専門家に至るまで熱狂的に支持されている。

ヨーロッパでも、１９８０年代に竹を熱心な愛好家に売り込んだ革新的な企業家の尽力により、ヨーロッパ竹協会（European Bamboo Society）をはじめとするさまざまな組織が設立された。ベルギー、オランダ、ドイツ、スイス、イタリア、フランス、イギリスにはそれぞれ、竹の栽培・育成を目的とする会員制組織が存在する。こうした組織は、竹愛好家の親睦を深めようと、各地域で交流会や庭園ツアー、販売会などを開催している。１９９０年代初めには、これらの組織の国際的交流が高まり、世界竹機構（World Bamboo Organization）が設立されるに至った。[9] もともとアメリカの業界団体として始まったこの団体の使命は、至ってシンプルだ。竹の持続可能な栽培や利用を国際的に奨励・推進することである。同機構は3年ごとに世界竹会議（World Bamboo Congress）を開催し、世界各国の竹の研究者、生産者、関連組織、職人、建築家、開発者、愛好家の交流や協力を促進している。

竹を育てるとなると、アマチュアレベルでも園芸の基本的な知識が必要になる。軽い気持ちで竹を植えようとすると、その種の多様さにたちまち面食らってしまうかもしれない。一口に竹と言っても、そこにはさまざまな種類があり、グループごとに明瞭な違いがある。たとえば、自生している場所の気候に応じて、「熱帯性」の竹と「温帯性」の竹がある。また、地下茎の形に応じて、「凝集型」の竹と「水平伸長型」の竹がある。「凝集型」は連軸型の地下茎（短く太い）を持ち、「水平伸長型」は単軸型の地下茎（長く細い）を持つ。家庭で竹を植える場合には、その目的を考え、それに合った種の竹を選ぶことが大切である。日陰をつくったり強風を防いだりしたいのか、際立った植物として庭のメインにしたいのか、あまり手入れする必要のない被覆植物として利用したいのかを考える必要がある。

また、竹の種類を選んだら、その植え方や世話の仕方を学ばなければならない。つまり、十分な灌漑、施肥、維持管理、効果的な繁殖法に関する知識が必要になる。これらの問題はいずれも、選んだ竹の種類や、その地域の気候に左右される。

竹が本来の自然環境から離れた庭で繁茂していたとしても、驚くにはあたらない。園芸植物はそのほとんどが、ほかの地域に自生していたものを持ってきてその地域に適応させたものであり、人

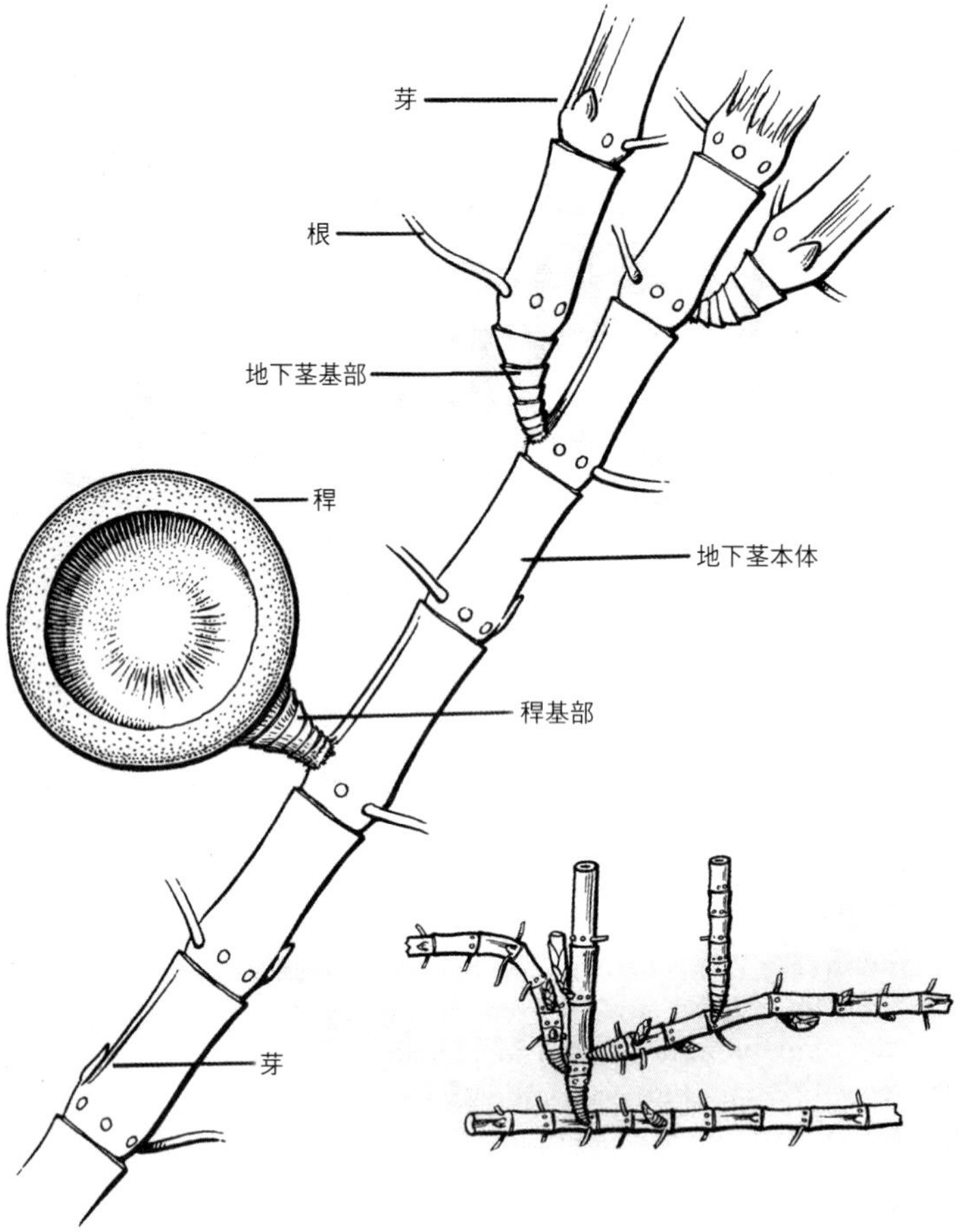

単軸型の地下茎（F・A・マクルーア画）

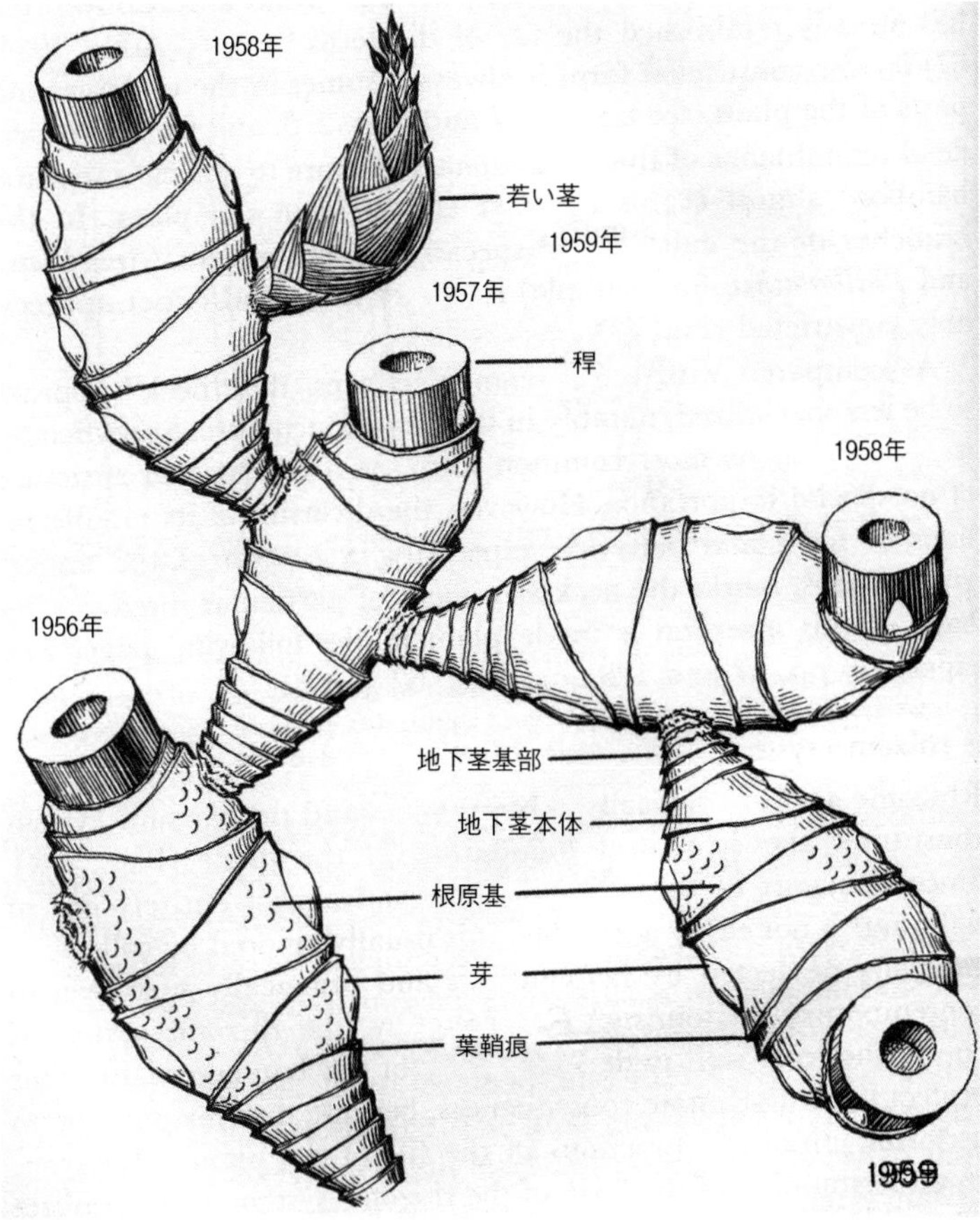

連軸型の地下茎（F・A・マクルーア画）

工的な景観に取り込まれて、実用的な用途に利用されたり人間の美的欲求を満たしたりしてきた。竹もまた、その独特な特性に基づく商業的価値のために、原産地から遠く離れた場所にまで広まったにすぎない。数世紀にわたり栽培されているうちに、持ち込まれた地域が原産地のようになってしまい、もはや本当の原産地を特定するのが難しい竹もある。

中国や日本、南アメリカや南アフリカ原産の園芸植物は、レンギョウやアザレア、ポインセチア、ガーベラなど無数にある。現代の庭に好まれる人気の植物という点では、竹もこれらの植物と何ら変わりはない。

確かに、「外来」植物のなかには問題を起こしているものもある。種子をはるか遠くにまでまき散らし、意図していない場所にまで生息域を広げていく、いわゆる「侵入植物」である。だが、栽培されている竹は、開花・結実することがめったにないため、一定の空間を越えて広がることはない。もちろん、単軸型の地下茎を持つ竹が驚くほど地下茎を伸ばし、土地を「侵略」してしまう場合もないわけではないが、責任をもって慎重に管理すれば、竹を一定空間内にとどめておくことはできる。管理に割ける時間やスペースが限られているのであれば、あまり侵略的ではない連軸型の竹のほうがいい。竹を放置すれば、間違いなく問題になる。そうなると、竹本来の魅力や利点が失われてしまう。

竹の園芸に関する本を見れば、園芸に適した種、耐寒性、栽培方法、維持管理のための注意事項、地下茎の伸長を抑制する方法などが紹介されている（具体的な書名については巻末の参考文献を参照）。だが、竹にはさまざまな属や種があり、どの竹がどこで生育できるかは、地域の条件によっ

ポルトガルにあるモウソウチクの農園

て変わる。そのため、本から知識を得るだけでなく、試行錯誤してみることも大切である。たとえば、ある本には、竹は冬に植えたほうがいいと記してあるかもしれないが、これはアメリカの西海岸のような、冬に降水量が多い地域にしかあてはまらない。気温がよく氷点下になるような地域なら、春に植えたほうがいい。異国のおいしい「ごちそう」を毎年収穫できる種や、地元の動物園に飼い葉を提供できる種もあるが、その栽培も現地の気候や竹の種類、地域の特性に左右される。

第3章　生活への応用

説得力のある証拠が示すところによれば、世界で最初の本は竹でつくられていた。大昔には、洞窟の壁や石の表面、あるいは骨やカメの甲羅に文字が書かれていたこともあるが、本が最初につくられたときには、竹がその材料に使われたようだ。中国には、その現存する最古の実例として、紀元前5世紀頃の竹の本が存在する。ただし竹簡《ちくかん》は、殷《いん》王朝後期の紀元前1250年頃にはすでに使用されていたと思われる。[1] 竹簡とは短冊状の細長い竹の板のことで、主な筆写の材料として古代中国や中世日本で利用されていた。一般的にはひとつの竹簡に、筆で書かれた文章が上から下へ、漢字を追記できるような余白を残しつつ、1行だけ記される。この竹簡をいくつもひもでつなぎ合わせると一冊の本になる。

竹の本は、文章で伝えられる情報の内容などに応じて、それぞれ大きさも形も異なる。筆写の素材として木よりも竹が選ばれたのは、竹がそれにふさわしい特性を備えていたからであり、中国に竹がふんだんにあったからでもある。竹は軽量なうえ、容易に割くことができ、表面に耐久性があ

竹は世界最初の本の理想的な素材になった。写真は紀元前5世紀頃の本。

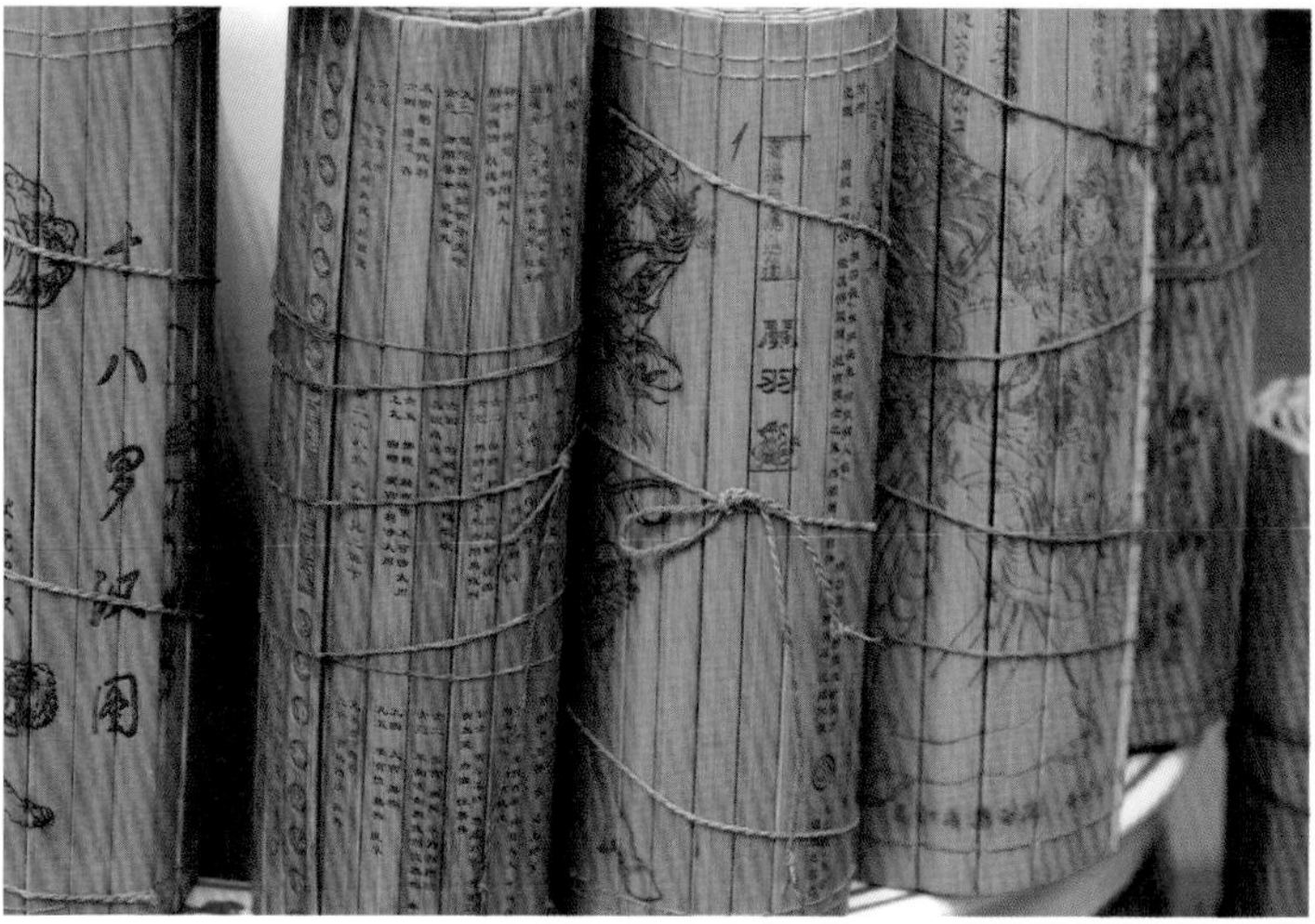

初期の本は、竹の稈を割ってつくった板に文字が書かれていた。巻いてより糸で縛れば、容易に持ち運ぶことができた。

る。これを適切な幅に割り、一定の長さに切りそろえ、その緑の表皮を削り取り、加熱処理する。古代中国の文献学者、劉向《りゅうきょう》（紀元前80年頃〜前8年）によれば、このように竹を筆写用の板に加工することを「汗青《かんせい》」といった。[2]

本にする際には、竹簡を縦に置いて横に並べ、それぞれの竹簡に上から下へ1行ずつ文字を書いていく。もともとは、竹簡に文字を書いてからつなぎ合わせていたが、やがて本にする文章が長くなるにつれ、先に竹簡をつなぎ合わせておくほうが実用的だと考えられるようになったようだ。この本は、丸めて保管された。左端から右方向へ、最後の竹簡が巻物の中央に、最初の竹簡がいちばん外側になるように丸める。右から左へ縦書きにする筆写形式は、紀元後7世紀に本が紙に印刷されるようになってからも変わらなかった。[3]

筆写素材として竹が使われていた時代は、紙よりもはるかに長い。当時は絹も使われており、1000年以上にわたり竹と併用されていた。だがやがて、竹に代わって紙が主流となり、紀元後4世紀頃にはもうほとんど竹は使われなくなった。桓楚《かんそ》の皇帝桓玄《かんげん》も、竹簡の代わりに紙を使用するよう命じている。[4]

竹は、筆写の材料として使われたほか、筆記用具にもなった。古代中国では、書が芸術にまで進化したが、それに使われた筆はほとんどが竹製だった。また、中国や日本の漢字には、竹を表す象形文字がよく含まれている。漢字はおよそ3000年前頃から、日常生活を表す象形文字をもとに形成されてきた。日本語の「竹」という漢字も、2本の茎の上に先の尖った葉が茂っている姿を表している。日本語には、この「竹」を部首に含んだ漢字が少なくとも165あり、竹が身近な存在

中国では1000年以上にわたり、竹で紙がつくられてきた。

韓国の書芸家、チョウ・アム。潭陽（タミャン）郡にて。

だったことを物語っている。[5] 部首の「竹」（竹冠）は、「竹」の垂直な線が簡略化され、ほかの漢字（つくり）の上に置かれる場合が多い。たとえば、「筆」という漢字には、2000年以上前から「竹」の文字が含まれている。「算」という漢字も、上に「竹」が載っている。これは、計算に使われたそろばんの材料に竹が使われたことを示している。実際、この漢字の中央にある「目」は、2本の軸を備えた長方形のそろばんのように見える。いちばん下の「廾」は、一説によれば、そろばんを支えるふたつの手を表しているという。また、「水筒」などに使われる「筒」という漢字は、どこを取っても直径が「同」じ竹製の品を指している。ほかにも、ボール紙やプラスチックがなかった時代につくられていたものを表す漢字には、「箱」や「箸」など、「竹」が含まれているものが多い。「箸」は、つい最近［2010年］になって日本の常用漢字に登録された。「処方箋」などに使われ、「紙片」を意味する「箋」という漢字も同様である。

それを考えると、文字が生まれるはるか以前から、あらゆる方法で竹が利用されてきたのは間違いない。これは、アジアだけに限らず、南北アメリカなど、竹が生えているところならどこにでもあてはまる。人間の文明が歴史を通じて、竹をさまざまな形で利用してきたことは、数多くの文献が証明している。家庭用品、料理、建築、薬、楽器、武器など、その用途を挙げればきりがない。揺りかごから墓場まで、あらゆるものの素材になるとさえ言われている。たとえば、多くの文化では、新生児のへその緒を切るのに、竹製のナイフが使われる。[6] 母親の足の指にへその緒をつかませ、父親がそのナイフで切るのだが、ナイフをつくるのもたいていは父親である。[7] 同様に、竹の鋭い破片を使って割礼の儀式を行う部族もある。また、人が死んだ際に、竹を編んでつくった棺に入れて

竹は、渓谷や川に架ける橋の資材にも使える。

埋葬に使われる竹の構造物。ヨーロッパの画家か、ヨーロッパの絵画を学んだインドの画家が、インド北東部、アッサム州のガロ丘陵に暮らす部族の埋葬儀礼を描いたものと思われる。

埋葬したり、竹の薪《まき》の上で火葬にしたりするところも多い。先住民の間では、家や、かごなどの道具、日常生活に欠かせない品々をつくるのに竹が使われる。マリに暮らすボゾという部族の名称は、バンバラ語の「ボソ」に由来するが、これは「竹の家」を意味する。世界各地を見わたすと、古い家でも新しい家でも、伝統的な建物でも現代的な建物でも竹が使われており、竹が驚くべき多様性を備えていることがわかる。

時代が下るにつれて、人間の創意工夫や現代のテクノロジーにより、竹の利用法はさらに洗練の度を増している。近代以降では、水道管、電球のフィラメント、蓄音機の針、航空機の外板、コンクリートの強化剤、繊維、吊り橋、調理用燃料となる炭のほか、水の濾過や空気の浄化、合板の材料にも使われている。[8]
とはいえ、古代の人々もまた、その多様性を最大限に活用していた。竹は、狩りをしたり肉を切ったりするための簡単な道具にもなれば、住まいや囲いをつくるための資材にも、野生動物を捕らえるわなの材料にもなった。弓矢が使われるようになると、その特性を生かして弓にも矢にも利用された。やがて人間が動物を家畜として飼うようになると、動物を閉じ込めておくための柵に使われた。長い竹の棒を水面に伸ばせば、魚を捕らえることもできる。竹ではしごをつくれば、木の上のほうに生る果実など、森の恵みを手に入れることもできる。さらに、アスパラガスのように地面から生えてくる竹の新芽は、栄養豊富で味もよく、貴重な食料源になった。
竹は、その組織組成や稈の構造により、縦に割けるという特性を備えている。[9] 鋭利な道具を使えば簡単に扱いやすい幅に割くことができ、そうすれば編んだり縫ったりといった細かい作業も可能になる。割いて平らになった竹片を編めば、大小さまざまなかご、床の敷物、壁、ふるいなどができる。また、縦方向につなぎ合わせて長いロープ状にすれば、渓谷や川に架ける橋の材料になる。まとめて固定すれば、船やいかだになる。細かく切った竹片は、燃料としても使える。そのまま使ってもいいが、炭にすれば長持ちする燃料源になる。[10]
さらに、大木のような竹の稈を利用すれば、木材でつくられているほとんどのものをつくれる。それどころか、竹は信じられないほど頑丈なため、従来の木材ではできないこともできる。竹が「植物性の鋼鉄」と呼ばれるほどの強度を備えているのは、独自の細胞構造のためだ。内部の維管束の配列の仕組みが、この優れた力学的性質を生み出している。[11] 実際、竹の圧縮強度はコンクリートよ

インドの南西岸にある伝統的な竹の家

東南アジアの多くの地域では、古くから竹のいかだが利用されている。

竹を使えば、さまざまなサイズや形のかごがつくれる。きわめて安価なうえに実用的で、生分解性もある。

1800年代初めまたは中頃の水彩画。前景に収穫されたばかりのタケノコとその断面、後景にそのタケノコを生み出した竹が描かれている。

原材料として伐採された竹。エクアドルの資材置き場で利用されるのを待っている。

竹はアジア全域で、建築現場の足場に最良の素材として利用されている。インドのシッキム州ガントクにて。

り高く、伸張強度に至っては鋼鉄並みの強度重量比を持つ。重量比で見れば、竹はコンクリートの5倍も強い。そのうえ鋼鉄より軽く、木よりはるかに速く成長する。その多様性と柔軟性のため、竹が自生している地域ではどこでも、古くから竹が組立資材として使われている。その興味深い一例が、建築現場にで一時的につくられる足場だ。ビル並みの高さまで伸びる竹には、装備や資材を抱えた作業員の重さを十分に支えられるほどの強度がある。また、金属製の足場と違って軽く、建築現場に合わせて自由に組み替えられる。さらに、きわめてコスト効率がよく、費用が鋼鉄の10分の1しかかからないうえに、解体してほかの現場で再利用するのも簡単だ。いまでもアジアの国を訪れると、新たな建築現場を囲うように竹の足場が組まれており、現代的な建築物と伝統的な資材が共存している。クモの巣のように張りめぐらされた足場のなかで働く作業員は、高所をものともしないその姿に敬意を表し、親しみを込めて「クモ」と呼ばれているらしい。竹の足場を組み立てるこの技術は、数世紀にわたり世代から世代へと引き継がれている。[12]

竹の利用法はまだある。およそ2000年前、中国で偶然爆竹が生まれた。伝説によれば、旧正月を祝うため竹を燃やしていると、中空の稈のなかに閉じ込められていた空気が膨張して破裂し、「パン」という音がした。これが爆竹の始まりだという。以来中国では、悪霊を追い払うためにこの爆竹を使うようになった。その後、中国人はさまざまな薬品を組み合わせて実験を続け、やがてもっと大きな破裂音を出す爆発物の開発に成功した。この爆発性混合物が、現在の火薬の原点となった。皮肉にも、悪霊を追い払うこの原始的な手段が、戦争のための武器に欠かせないものになってしまったのだ。[13]

竹製の足場の結合部のクローズアップ。複雑な結び方により確実に支えられるようになっている。

竹はその独自の細胞構造により、ほかの重要な用途にも利用されている。[14] たとえば、最初に特許が取得された電球は、竹の炭化フィラメントを使っていた。長持ちする炭素フィラメント電球を開発し、近代史の方向を大きく変えた人物こそ、アメリカの有名な発明家トーマス・エジソンである。エジソンは1879年、32歳のときに、タールとすすを塗った炭化綿フィラメントを使い、白熱電球の製造に成功した。だがこれは、45時間しかもたなかった。600時間以上もたなければ売り物にはならない。そう考えたエジソンは、世界各地からフィラメントに使えそうな素材を6000種以上集め、その有効性をひとつひとつテストしていった。そんなある日、研究室にいた東洋好きの男が持ってきた竹の繊維を試してみたところ、そのフィラメントは200時間もった。そこでエジソンは、竹のテストを集中的に行おうと考え、世界中の竹を取り寄せることにした。電球のフィラメントに最適の竹を求め、20人以上の研究者がさまざまな国に派遣された。そのために10万ドルを超える費用が投じられたという。19世紀末の当時としてはかなりの額である。

　1880年、エジソンのもとで働く研究者のひとり、ウィリアム・H・ムーアが日本にやって来た。当時の首相伊藤博文と外務大臣山県有朋《やまがたありとも》に面会し、京都へ行けばいい竹があるかもしれないとの情報を得たムーアは、早速京都へ向かい、明治新政府の第2代京都府知事槇村正直《まきむらまさなお》に話を聞いた。すると、嵯峨野や八幡《やわた》の竹が電球のフィラメントに適しているかもしれないという。

　実際、八幡で採取したマダケ（学名 *Phyllostachys bambusoides*）製のフィラメントで電球をつくると、2450時間もちこたえた。エジソンは、エジソン・ゼネラル・エレクトリック・カンパニーを設立して八幡の竹を使った電球の製造に乗りだし、10年余りにわたり世界中にこの電球を輸出した

（1894年により耐久力のあるセルロース製フィラメントの電球が開発され、竹の炭化フィラメントの時代は終わった）。その功績により、日本ではエジソンは「発明王」として知られ、石清水《いわしみず》八幡宮《はちまんぐう》がある男山の山頂にはエジソンの記念碑が設置されている。[15]

◉音楽

竹の内部はもともと中空になっているため、さまざまな楽器（特に管楽器や打楽器）に使われたのも当然と言える。竹の楽器と聞いて誰もが最初に思い浮かべるのが、笛だろう。世界各地でつくられている竹製の笛には、中国の笛子《ディーズ》や簫《シャオ》、日本の尺八、フィリピンのパレンダなど、さまざまな種類がある。インドでは、笛は場所を問わず人気があり、貧しい人々でさえ笛を持っている。インドやネパール、バングラデシュの笛はバーンスリーと呼ばれるが、これはサンスクリット語で「竹の音符」を意味する。クリシュナ神の聖なる楽器とされているため、彫像や絵画などにもよく見られる。また、ポリネシアの伝統的なフラダンスに使われる楽器のなかにも、竹製のものが4種類ある。オヘハノイフ（鼻笛）、ウリウリ（ガラガラといった音がする）、プイリ（筒状の棒を叩いて音を出す）、ウケケ（口琴《こうきん》）である。[16]

竹でつくられる管楽器には、パンフルート（パンパイプ）もある。一端を閉じた竹筒を直線状あるいは曲線状に並べたこの楽器は世界中で見られ、音楽の演奏だけでなく、羊飼い同士の連絡や、獲物のおびき寄せにも使われる。[17]

者がそれぞれ1音または複数音を担当し、全体でメロディを紡ぎあげる。インドネシア発祥だが東南アジア全域に広まっており、スーダンでも数世紀前から演奏されている。

アンクルンという楽器。竹枠に2本の竹筒がとりつけられている。竹筒は一部が削られており、竹枠にぶつかったときに共鳴音が出るようになっている。一方の手で竹枠の基部を支え、もう一方の手で楽器を揺らし、連続音を奏でる。この楽器のアンサンブルでは、3名以上の奏

中国にはまた、京胡《ジンフー》（胡琴《こきん》の一種）と呼ばれる、弓で弾く竹製の弦楽器もある。京胡は一般的に京劇で使われ、歌い手の声に音を重ねるようにして演奏される。弓を使う同じような弦楽器は、東南アジア全域のほか、朝鮮（奚琴《けいきん》）や日本にもある。京胡を演奏する際には、奏者は脚を組んで座り、左膝の上に楽器を縦に置く。指板《しばん》はないため、左手で音高を調節したり、弦を棹のほうに押してビブラートをきかせたりする。そして右手で弓を持ち、馬毛《ばもう》の張りを調節しながら、2本の弦の間を水平に動かす。甲高い独特な音色の楽器である。[18]

インドネシアやフィリピンでは、古くから竹で、コリンタン、アンクルン、ブンボンなどの楽器がつくられている。フィリピンの伝統的なバンダ・カワヤン（竹楽団）では、竹製のさまざまな伝統楽器のほか、竹でつくった西洋楽器（クラリネットやサキソフォン、チューバなど）も取り入れている。[19]

竹でつくられる独創的な伝統楽器には、ほかにマウスオルガンもある。中国の笙《しょう》やラオス発祥のケーンは、どちらもいわゆるマウスオルガンである。竹筒をまとめたものに、穴を開けた小さな硬材やひょうたんがつけられており、そこから息を吹き込むと、バイオリンのような音が出る。また、アフリカのインド洋側、マダガスカル島にはヴァリハという楽器がある。これは、1本の竹に弦を張った長い筒状のツィターで、国民的楽器として親しまれている。[20]

竹でつくられた口琴は、世界最古の楽器と言っていいだろう。その発祥は古代中国で、竹製の小さな口琴を演奏する人物を描いた紀元前3世紀の絵が現存する。続く数世紀の間に口琴はたちまちアジア全域や中東に広まり、紀元後13世紀にはヨーロッパ各地でも見られるようになった。その結果いまでは、東アジアから西ヨーロッパまでのほとんどの地域に、800種以上の口琴が存在している。これらの口琴は従来、竹や木、骨、真鍮などの古くからある金属でつくられていたが、現在ではそのほとんどが現代的な金属製である。[21]

伝統楽器か現代楽器かを問わず、従来の材料に代わって竹が楽器に利用される場合もある。たとえば、オーストラリアの伝統楽器ディジュリドゥは、従来ユーカリの木でつくられていたが、竹でつくられることもある。こうした例は、さまざまな打楽器にも見られる。またアメリカのヤマハは、竹の音響的利点や生態学的利点を従来の西洋楽器に組み込む新たな製造工程を開発し、現在ではこの素材を利用して、より持続可能性の高いギターやドラムの製造を行っている。ギターやドラムはこれまで、シダー、ローズウッド、マホガニーなど、成長の遅い硬材で製造されていたため、原材料の確保が難しかった。ところが竹は、これらの木材が持つ望ましい特性をほぼ備えているうえに成長が速いため、順次栽培していけば、持続的に原材料を補給できる。ヤマハは、竹の長くまっすぐな繊維の向きを変えることで、この素材の持ち前の強度や歪み耐性を最大限に生かし、きわめて明るくクリアな音を生み出している。[22]

竹が奏でる音を聞きたければ、ジョン・海山《かいざん》・ネプチューン率いるバンド「タケダケ」の音楽を聞いてみるといい。「タケダケ」は、日本語で「竹のみ」を意味する。このバンドで使われる楽器はすべて、バンドのメンバーが竹からつくったものである。

音楽があるところには歌がある。竹は多くの歌にさまざまな形で登場し、強度や柔軟性、多様性の象徴として、あるいはユーモラスな逸話の題材として利用されている。たとえば、イギリスのミュー

中国でつくられた現代の竹製ギター。アメリカ・ノースカロライナ州のウェス・ボールドウィンの装飾が施されている。

ジカル映画『チキ・チキ・バン・バン』では、ディック・ヴァン・ダイク演じるカラクタカス・ポッツが、『ミー・オール・バンブー』という明るい雰囲気の歌を歌いながら踊る。その歌詞のテーマは、男たちによる竹棒のさまざまな利用法である。作曲を担当したロバート・B・シャーマンは、第二次世界大戦中に膝を負傷して以来、竹の杖を愛用しており、そこからヒントを得てこの歌をつくったのだという。竹を称えた歌にはほかに、1950年代にスリンガー・フランシスコが作曲して以来、多くのアーティストにカバーされたカリプソ・ナンバー『ザ・ビッグ・バンブー』がある。これは、タケノコを男性のペニスにたとえた戯《ざ》れ歌で、男性が恋人の女性に、どうしたらあなたを幸せにできるのか、どうしたらあなたは誠実でいてくれるのかと尋ねる。すると女性は、私が欲しいのは「あの大きなタケノコ《ビッグ・バンブー》」だけだと答える。タケノコのサイズをサトウキビやバナナなどと比べてみても、女性は相変わらず、自分が欲しいのは大きなタケノコだけだと答え、あれには「誰もが満足する」と断言する。

◉娯楽やスポーツ

言うまでもなく、竹を使った娯楽やスポーツも世界中にある。子どもはよく、短く切った竹の棒を刀や野球のバットの代わりに使うなど、竹でさまざまな遊びを考案する。その多くは人気となり、進化しながら各地に広まっていく。こうした例は、子ども向けの遊びだけに限らない。大人の娯楽にも、さまざまな形で竹が組み込まれている。たとえば、求籤《カウチム》や麻雀がそうだ。

スイスのベルンで開催された剣道ヨーロッパ大会の試合（2005年）。ハラルト・ホーファー撮影。剣道で使う刀（竹刀）は竹でできている。

求籤は中国発祥のおみくじであり、西洋では「チエン・タン」または「チャイニーズ・フォーチュン・スティックス」とも呼ばれる。伝統的な形のものでは、竹製の椀や筒に、やはり竹製の棒がいくつも入っている。棒は一方の先端が赤く塗られており、それぞれに数字がひとつ、アラビア数字と漢数字で書かれている。この棒をひき、その番号を付属の本で調べると、そこに運勢が書いてあるというわけだ。アメリカでは1915年以来、チー・チー・スティックスという商品名で販売されている。仏教文化圏では「観音籤《かんのんくじ》」と呼ばれているところもある。[23]

麻雀は、牌《パイ》を使って遊ぶテーブルゲームだ。牌はもともと骨や竹でつくられ、骨に竹で裏打ちしたものも多かった（現在ではほとんどが、ベークライトやセルロイド、ナイロンなどのプラスチック製である）。また、牌が実際に竹でつくられていただけでなく、3種類ある数牌《シュウパイ》のひとつは索子《ソウズ》といい、竹をモチーフにしている。[24] 伝説によれば、中国の哲学者である孔子が紀元前500年頃に考案したのだという。いずれにせよ麻雀は、技術や戦略、計算を必要とする一方で、偶然にも大きく左右されるゲームである。

テーブルを離れて運動場に目を向けてみよう。ミャンマーでは、フットボールの一種であるチンロンというスポーツが人気を博している。東南アジアには同様のスポーツがたくさんあり、タイではタクロー、マレーシアやシンガポール、インドネシアではセパラガ、フィリピンではシパ、ラオスではカトル、ベトナムではダーカウと呼ばれている。これをもとに、ネット越しにプレーする競技スポーツとして1940年代にマレーシアで考案されたのが、セパタクローである。

チンロンは、古代中国の蹴鞠《しゅくきく》という遊戯に端を発していると考えられている。ちなみに蹴鞠は、

中国のテーブルゲームである麻雀に使われる牌。もともとは竹か、骨と竹を組み合わせてつくられていた。数牌のひとつは竹をモチーフにしている。

国際サッカー連盟（FIFA）により世界最古のサッカーに認定されている（同様の遊びは日本にもあり、こちらは蹴鞠《けまり》と呼ばれる）。また、中国や台湾の毽子《ジエンズ》、朝鮮のチェギチャギといった羽根蹴りゲームとも関係があるようだ。この種の遊戯は、ベーリング海峡を越えて遠くアメリカ大陸にまで伝わったらしく、ネイティブ・アメリカンの間でも、ボールを落とさないよう足で蹴り続けるさまざまなゲームが行われていた。現在、アメリカの公園や大学のキャンパスでよく見かけるフットバッグ（ハッキーサックとも呼ばれる）［お手玉のようなボールを蹴るスポーツ］は、これをもとにしていると考えられる。[25]

だが、足を自在に操る並外れた技術と芸術的表現や精神性とが結びついたゲームとしては、ミャンマーのチンロンの右に出るものはない。これはまさに、スポーツとダンスの融合である。チームスポーツだが敵と対戦するわけではなく、ただひたすら全員でボールを地面に落とさないよう蹴り続ける。競技スポーツ並みの技術が要求されるが、競技ではない。勝ち負けではなく、いかに美しくプレーするかが重視される。

チンロンの起源は、ピュー時代（7世紀）以前にさかのぼる。ミャンマー・チンロン連盟の事務次長ウ・イェ・アウンはこう述べている。「ピー地区にある街ミャウ・サルのカラカン・コン村の近くに仏塔があった。その仏塔が倒壊したときに考古学的発掘調査が行われ、その地に埋まっていたものを調べたところ、仏塔の残骸の下から銀製のボールが見つかった」。チンロンのボールはかつて、ヤシの葉や竹の薄片を編んでつくられていたが、現在は籐製が主流である。以前は仏教行事や僧侶の葬式の際に行われたが、次第に人気が高まり、現在では娯楽や余暇活動の一環として楽し

チンロンは足を巧みに操る技術を要するゲームだ。ボールは竹または籐でつくられる。

まれるようになった。[26]

フィリピンにも、竹を使ったゲームはたくさんある。たとえば、ふたり以上の人数でボールを打ったり捕ったりするバティコブラという屋外ゲームがある。このゲームでは、長短2本の竹の棒を使う。まずはひとりが打者になり、ほかの人たちと向かい合うように、少し離れたところに立つ。その際、野球で言えば、短い棒をボール、長い棒をバットとして使う。つまり、投手が短い棒を投げ、打者がそれを長い棒で打ち上げ、ほかの人が、飛んでいく短い棒を捕る。棒をうまく捕れれば、捕った人が次の打者になる。だれもうまく棒を捕れなかった場合、打者は長い棒を地面に置く。そして短い棒を拾った人が、地面に置いた長い棒に向かってそれを投げる。うまく当たれば、短い棒を投げた人が次の打者になる。当たらなければ、引き続き同じ人が打者を務める。[27]

また、脂を塗った竹の棒を登るパロセボという愉快なゲームもある。これはスポーツというより、観客も楽しめる見世物に近い。一般的には祝祭日に地域で行われ、いちばん速く竹の棒を登りきった人が、棒の先にとりつけた小さな袋に入った賞品（現金やおもちゃが多い）を手に入れられる。[28]

棒高跳びも、かつては竹の棒が重要な役割を果たしていた。もともとは、先端を鋭く削った竹の棒を使い、それを地面に突いて跳んでいたのだが、スポーツとして受け入れられるようになると、鋼鉄やグラスファイバー、炭素複合材が竹に取って代わった。

釣りも、狩猟の一手段であれスポーツであれ、竹が有効に活用された一例である。次第に先が細くなる長く軽い竹の竿は、弾力性に富んでおり、その先に糸をつければ、離れた水面にまでえさを送ることができる。これは、初期の漁業に大いに役立ったに違いない。竹の竿はまた、次第に先が

竹は古くから、いかだにも釣り竿にも使われた。東南アジアにて。

竹は、シンプルな釣り竿だけでなく、最新のフライフィッシング用の竿にも用いられている。釣り道具として並外れて優れているばかりか、芸術的にも一級品である。

細くなる、一定間隔ごとに分節化されているという天然の性質を活かし、さらなる進化を遂げた。竿を、いくつもの部分に分かれるよう加工し、持ち運ぶときや保管するときには分解し、水辺では簡単に組み立てられるようにしたのだ。現在でも、フライフィッシング用の最高級の竿は竹でつくられている。[29]

現代では、娯楽やスポーツにますます竹が組み込まれつつある。最近の竹加工技術の発展により、竹が従来の硬材に取って代わろうとしているのだ。いまや、竹製の野球のバットやスケートボード、サーフボードはおろか、竹でつくられた自転車まで登場している。また、2004年に中国の安吉《あんきつ》県《けん》でユネスコの国際ワークショップを主催した玩具メーカーのハペ・インターナショナルは、社会的良心を備えた企業として知られている。環境に優しい持続可能な素材である竹に着目し、竹製の幅広い玩具を設計・製造・販売する世界初の企業として、デザイン性の高い玩具を世界中に提供している。

◉伝説・民話・文学

竹はこうして実用的に利用されてきたほか、民話や伝説、美術や音楽や文学の素材にもなっている。まっすぐに高く伸びる美しい竹の姿は、中国の学者や芸術家に好まれ、古代以来そのすばらしさを称えられている。それどころか竹は、世界各地（インド、日本、中国、インドネシア、コロンビア）の創世神話にも登場する。なかには、竹の中空の稈から人類が生まれたとするものもある。

日本の童話『ふしぎなたけのこ』の挿絵。タケノコを採りにいった少年が、あっという間に伸びるタケノコにつかまり、空へと連れていかれてしまう話である。松野正子作、瀬川康男画（1964年）。

たとえば、コロンビアのパタンゴロ族の神話にはこうある。かつて大洪水が起き、たったひとりの男だけが生き残った。それから数年間、男は孤独と悲しみを抱いてさまよっていたが、ある日、天の主（神）が男を哀れに思い、地に降りてきて、2本の竹を男に与えた。すると、その1本は女になって男の伴侶となり、もう1本はふたりが暮らす家になったという。[30]

そのコロンビアから見て地球の反対側にある台湾のプユマ族も、自分たちの部族の最初の男と女は、同じ竹の稈の異なる節間から生まれたと信じている。それ以来、竹が自分たちを保護し、住まいを提供してくれるようになったという。[31]

またフィリピンには、タガログ語（いまは現代フィリピン語として標準化されている）で伝えられてきたこんな創世物語がある。

この世が始まったとき、そこに地はなく、海と空だけがあり、その間を1羽のタカが飛んでいた。着地できる場所がどこにもなかったため、飛びまわるのにうんざりしたタカはある日、海をかきまわして盛り上げ、その水を空に投げつけた。そこで空は、海を鎮めようと、そこにたくさんの島を落とした。その結果、海はもう盛り上がらなくなり、満ち引きを繰り返すだけになった。その後、空はタカに、島のどれかひとつを見つけてそこに巣をつくり、もう海にも空にも手を出さないよう命じた。

やがて、陸風と海風が結婚し、子どもを産んだ。その子どもが竹である。ある日、この竹が海に浮かんでいると、砂浜にいたタカの足にぶつかった。何がぶつかっても腹を立てるタカは、いらだちまぎれにその竹をくちばしで突いた。すると、その節間から男が、別の節間から女が現れた。
それから間もなくして地が揺れ、あらゆる鳥や魚に対し、このふたりをどうすべきか考えるよう呼びかけたため、話し合いの結果、ふたりを結婚させることに決まった。ふたりは数多くの子どもを産み、それがあらゆる部族の祖先となった。[32]

インドネシアの西パプア州南岸の平地に暮らすマリンディニーズ族にも、これとはやや異なる人類創生の物語がある。

ある日ツルが、忙しげに海から魚をついばんでいた。ツルが砂浜に魚を放り投げると、泥が打ち寄せてきて魚を覆った。すると魚は死んでしまい、形のない泥のかたまりでしかなくなった。その泥のかたまりは寒かったので、竹で熾した火で体を温めた。小さな竹が火で熱せられ、ポンという音を立ててはじけるたびに、泥のかたまりは少しずつ人間の形になっていった。こうして間もなく、耳や目、口、鼻の穴ができたが、まだ話すことはできず、ささやくような音しか出せなかった。指もまだ、コウモリの翼のような膜でつながっていた。人間が、この膜を竹のナイフで切り取って海に捨てると、その膜はヒルになった。やがて自然の精霊（神話上の先祖的存在）が人間を見つけ、大いに憤慨し、なぜこんな生き物に命を与えたのかとツルを責めた。そのためツルは、魚をついばむのをやめ、丸太をついばむようになった。ツルのくちばしが曲がっているのはそのためである。その後、最初の人間たちが火を囲んで座っていると、太い竹が普段より大きな音を立ててはじけ、ひどく驚いた人間たちが騒々しい金切り声をあげた。それが、人間が発した最初の言葉だと言われている。[33]

そのほか、アンダマン諸島など、アジアの多くの文化圏では、竹の稈から人類の祖先が生まれたと信じられている。マレーシアにも、似たような伝説がある。男が竹の下で眠っていると、美しい女の夢を見た。目を覚ました男がその竹を切ってみると、なかに夢に出てきた女がいたという。ハワイでは、竹（「オへ」と呼ばれる）はポリネシアの創造神カーネが姿を変えたものとされている。竹がかかわる物語のなかでもっとも有名なのが、日本の『竹取物語』だろう。10世紀頃に成立し、現存する日本最古の物語とされるこの説話は、竹のなかから見つかった不思議な少女の生涯を題材にしている。この物語には、『かぐや姫』や『竹娘』といった題名を持つさまざまな異本がある。そのひとつである『竹の子童子』は、こんな物語だ。大工の弟子が竹林で竹を切っていると、「ここから出して」と言う声が聞こえる。そこで弟子がその竹を切ってみると、10センチほどの男が現れた。男は、名前は竹の子童子、年齢は1234歳だと述べ、お礼に7つの望みをかなえてやろうと言うので、弟子は自分を侍にしてもらう。また、『竹姫』という別の物語では、貧しい男が切った竹から生まれた美しい少女が10歳になると、米としゃもじが入った赤いひつを残し、天に帰っていく。[34]

古代ベトナムの伝説『百節の竹』もなかなかおもしろい。貧しい農家の若い男が、地主の美しい

農村や庭に生える竹は、日常生活を称えるシンボルでもある。ベトナムにて。

娘と恋に落ちる。若者は娘と結婚させてほしいと地主に訴えるが、身分を重んじる地主は、貧しい農家の男と娘を結婚させる気になどなれない。そこで、無理難題を押しつけて結婚を妨害することにした。「節が１００個ある竹」を持ってきたら結婚を認めるという条件をつけたのだ。若者が絶望していると、そこへ仏陀が現れ、複数の竹を使って１００節の竹をつくるようにと、竹の節をつなぐ魔法の言葉を教えた。「カ・ニャ・カ・スア」（「すぐにくっつけ、すぐに離れろ」）という呪文である。若者は意気揚々と地主のもとへ帰ると１００節の竹を見せ、娘を要求した。だが地主はうさんくさげにこの長い竹を見るばかりなので、若者は、地主がその竹にさわっているときにあの呪文の最初の2語を唱え、不思議な力で地主をその竹にくっつけてしまう。すると地主も降参し、竹から離してくれたら結婚を認めると訴えたため、ふたりはめでたく結婚する。[35]

　そのほか竹は、さまざまな象徴としても民話や文学に登場する。中国や日本では、竹はいくつもの象徴的意味を備えており、豊かな生活、艱難辛苦《かんなんしんく》の克服、几帳面、忠実、優しさ、優雅、長寿、謙虚、寛容、平穏、上品、率直、静謐《せいひつ》、公正、冬、しなやかに耐え忍ぶ力、汚れからの保護を暗示する。また、ほかの単語と組み合わされると、さらに意味が広がる。日本では、竹とツルが組み合わされると、長寿や幸福を意味する。また複数の竹が組み合わさって竹林になると、日常的な世界や、皇族の家系の男子を意味する。中国やインドでは、竹とトラが組み合わされると、安全を意味する。インドでは、竹は友情の象徴であり、東南アジアでも、竹は「兄弟」と呼ばれる。そのほか、不変（常緑のため）、忠誠（冬の雪にも負けないため）、誠実（折ったり割ったりしてもまっすぐで平らなため）、純潔（なかが中空できれいなため）、正義（曲げても折れず、またまっすぐに立つた

「竹林の七賢」を描いた日本の掛け軸。3代目堤等琳（1743〜1820年）画。

め）などの意味もある。[36]

竹はまた、松や梅とともに「歳寒三友《さいかんのさんゆう》」を構成する。これはそれぞれ、老子（梅の木の下で生まれた）、釈迦（竹林で入滅した）、孔子を象徴している。これらの植物は逆境にあっても繁茂することから、３つ１組となって、困難に直面してもくじけないことを意味する。[37]

「歳寒三友」は、日本ではそのまま「松竹梅」と呼ばれ、吉祥のシンボルと考えられている。松も竹も常緑であり、松は長寿を、竹は柔軟性を持つ力強さを象徴しており、梅は毎年、地面にまだ雪が残っている頃に真っ先に花を咲かせるからだ。日本では、緑の竹には清浄の意味もある。[38]

中国ではさらに、竹は梅、蘭、菊とともに「四君子《しくんし》」を構成する。これらの植物が示す特性は、君子の高貴な特徴を暗示しているとされ、古代から現代に至るまで、中国のさまざまな文学で言及されている。中国の伝統文化では、竹は生命力や長寿の比喩に使われ、模範的な行為や高潔な人格の男性と関連づけられることも多い。荒涼とした山のなかで静かに育つうえに、稈は（ほかの樹木の幹と比べて）継ぎ目があるだけでほっそりしており、歯も刀の鞘のようにすらりとしているからだ。また、空高く伸びた竹は虹になると言われているが、これは、誠実を貫けば真実の愛が得られることを意味している。そのほか竹は、春に花を咲かせないため、他人と争わないことを意味する一方で、その速い成長ぶりから、野心の模範とも見なされている。[39]

竹が示す不屈の意志力は、古来さまざまな文筆家や画家の称賛の的になっている。中国・宋の時代（９６０～１２７９年）の有名な詩人、蘇軾《そしょく》は「肉は食べなくてもいいが、竹がないところには住めない」と記している。また、清の時代の高名な画家・書家、鄭燮《ていしょう》は、竹を描くことに全生

明の崇禎（すうてい）帝時代につくられた施釉（せゆう）した陶器の壺（1643年頃）

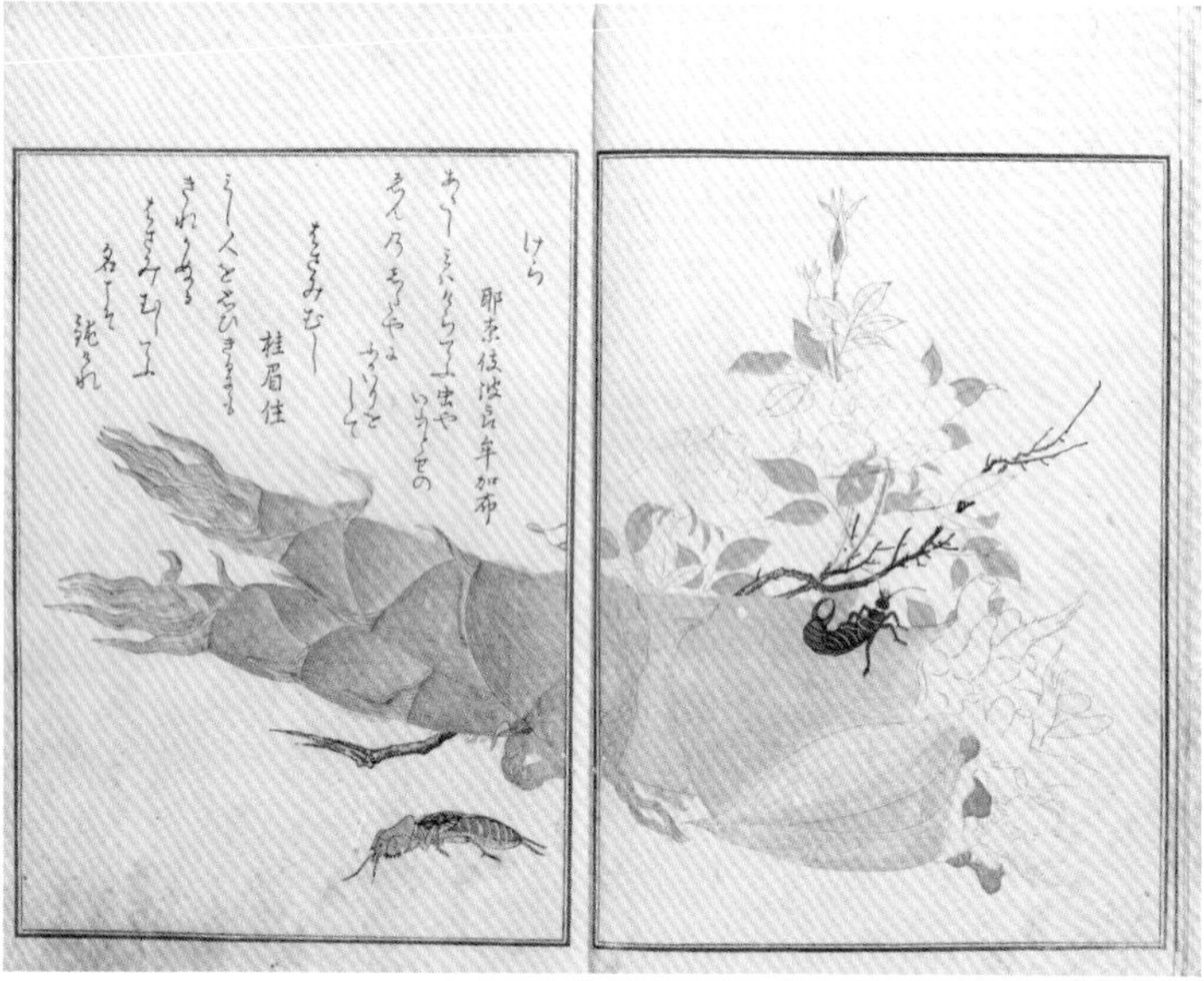

喜多川歌麿の狂歌本に収録された木版画（1788年）。狂歌の愛好家たちは、競技や娯楽のために狂歌連と呼ばれるサークルをつくり、優れた作品を集めた挿絵入りの歌集や印刷物の作成を出版者に依頼した。この狂歌本の各見開きページには、2種類の昆虫に関するふたつの歌が掲載され、その昆虫やそれにまつわる植物の挿絵が描かれている。写真のページには、ケラとハサミムシに関する歌が掲載されており、歌麿はタケノコとともにその昆虫を描いている。

高橋石斎（1800〜80年）による墨竹画

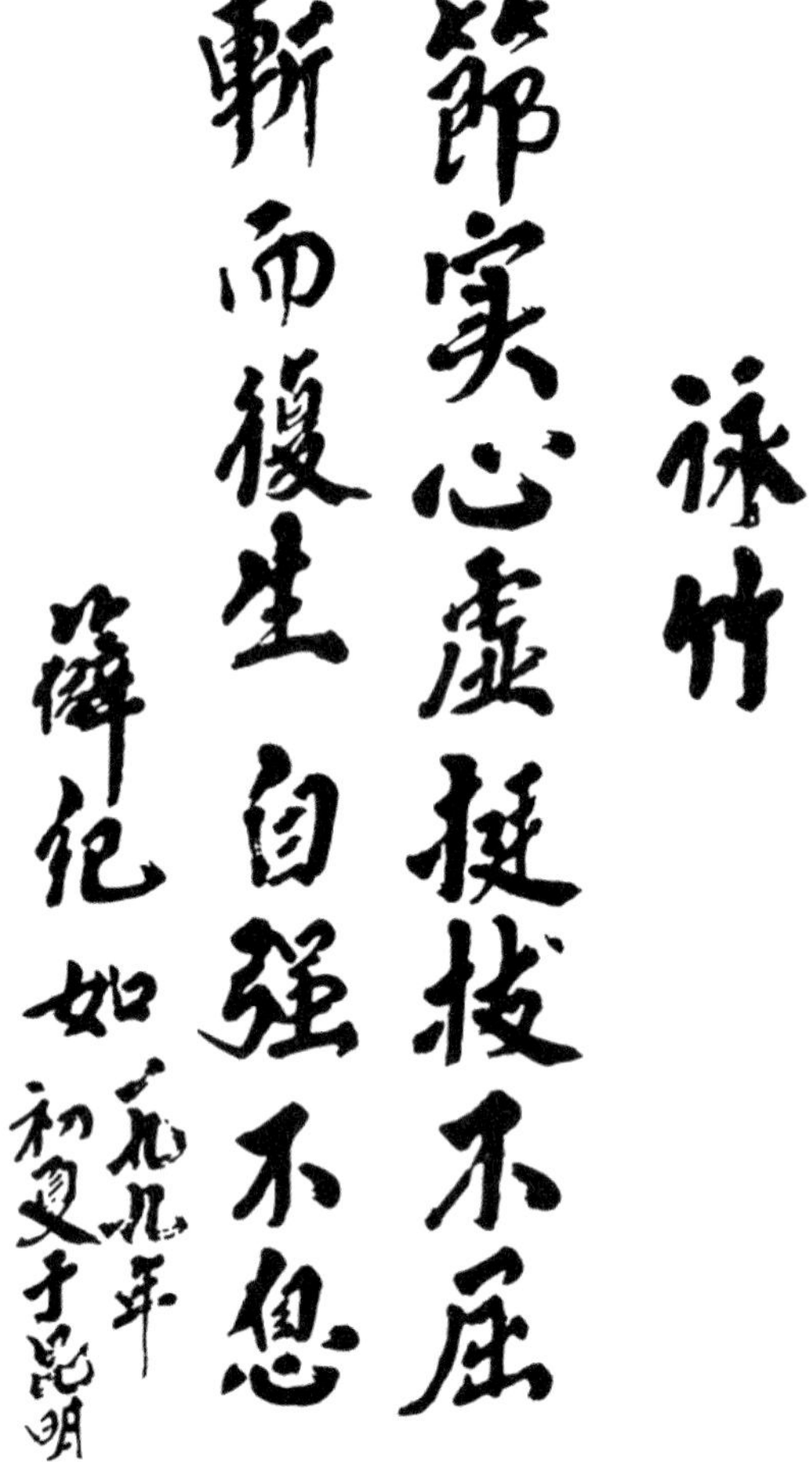
詠竹
節实心虚挺拔不屈
斬而復生自強不息
薛紀如
一九九八年初夏于昆明

薛紀如が墨書した詩『竹を詠む』（1998年）。竹に敬意を表するとともに、人間のあり方を示す比喩として竹を使っている。
詩の内容：節は硬くなかはうつろだが　まっすぐに立ち曲がることがない　切られても生き返り　絶えず励んで怠らない

涯を捧げ、それが表現主義的な南宋画（文人画）の特徴となった。いまでも南宋画を学ぶ者は、竹がひとつとして同じでないこと、風に舞い、雨にうなだれ、雪の重みに曲がる葉をひとつひとつ観察することを教わる。[40]

古代西洋の文献のなかで初めて竹に言及したのは、ペルシャやインドの歴史を研究していたギリシャの歴史家（およびペルシャ王アルタクセルクセス2世ムネモンの侍医でもあった）クテシアスである。紀元前400年頃に執筆した本に、こう記している。

山間を抜けて平野を横切っていくインダス川のほとりに、インドのアシ〔竹〕が生えているが、ふたりの男が腕を広げても囲めないぐらい幹が太く、最大級の商船のマスト並みに背が高い。もっと大きいものも、もっと小さいものもあるが、山の大きさを考えれば、それも当然である。[41]

また、西洋の文献のなかで、自生する竹と思われる植物の姿を初めて細かく説明したのが、前述したアレクサンドロス大王からアリストテレスに送られた手紙である。この手紙の内容は、プリニウス（紀元後23～79年）の『博物誌』に以下のように引用されている。

アシ〔竹〕にはさまざまな種類があるが、どれも1本の根から多くの茎を生み出し、切り倒しても旺盛な繁殖力で再び芽を出す。このように強固な生命力を備える根にも、茎と同じように節がある。インドのアシは葉が短い種しかないが、いずれの種でも、葉は節から生え、次の節へ向かうまんなかあたりまで繊細な組織で茎を覆い、そこから茎を離れ、下に垂れる。トウ同様、茎は丸いがふたつの面があり、節の上から交互に葉を広げる。つまり、ある葉が右側に出れば、その上の節から出る葉は左側に出て、それが交互に続いていく。枝もときどき茎から生え、それ自身が小さなアシのようである。[42]

◉薬

インドやアジアの全域、および南北アメリカ大陸に暮らす多くの部族は古来、竹を天然の薬として活用してきた。竹から採取した薬はいまでも、中国やインドの医学で利用されているほか、世界中の部族がさまざまな治療に使っている。実際、竹は、根、芽、節、葉、花、実、稈のなかにたまった水など、あらゆる部分に無数の薬効がある。稈から抽出したオイル、節間や地下茎、根、葉から採取した樹液、各所に蓄積されたミネラルが、さまざまな病気に効く治療薬、媚薬、栄養補助剤などに利用されている。

竹の稈のなかにたまるシリカ沈殿物は、インドの伝統医学であるアーユルヴェーダではバンスロチャン[43]、インド＝ペルシャ系のユナニ医学ではタバシルと呼ばれる（英語では「バンブー・マナ（竹みそ）」と言う）。これは、稈の節間にたまったばらばらの固形物で、稈を揺するとカラカラと音がするので、それで見分けられる。成分はほぼ純粋なサリチル酸（西洋ではアスピリンの原料として知られる）で、チョークのように白いものや青白いもの、透明なものもある。インドの文献によれば、インドトゲタケ（学名 *Bambusa arundinacea*）のほか、ダイサンチク、リョウリダケ、ナシタケからも採取できるという。伝統医学では、熱を下げ、痰を取り除く効果があるとされるが、冷却作用のある強壮剤、傷口の殺菌・解毒剤、媚薬として使われることもある。[44]

またダイサンチクは、タケノコの樹液が熱や咳、痰の詰まりを解消する薬として利用されているが、きざんだ葉に抗がん作用や生物学的抗酸化作用があることも明らかになっている。[45] 1707年に中国で出版された書籍によれば、タケノコを食べれば潰瘍が治り、チベットの薬学によれば、竹みそは肺炎の治療に使えるという。[46] さらに、ダイマチク（学名 *Dendrocalamus giganteus*）の汁気の多いタケノコを醱酵させたものは、植物ステロールを豊富に含んでおり、ステロイド薬の生産に利用されている。[47]

治療薬として使えるだけではない。中華料理をよく食べに行く人は誰でも知っているように、タケノコは食べられる。生で食べられるだけでなく、酢漬けにしても、干しても、冷凍させてもよく、低カロリーで、カリウムやタンパク質の供給源にもなる。少なくとも17種類のアミノ酸を含むタンパク質のほか、消化可能な炭水化物も摂取できる。[48]

さらに、タケノコにはマグネシウムやゲルマニウムが含まれており、いずれも抗がん作用やアンチエイジング効果があるとされる。そのほか、亜鉛、マンガン、クロムなどの微量元素も含んでいる。[49] つまりタケノコは、医薬品の原料として有益なだけでなく、栄養価が高く、食品としても優れている。

タケノコのサラダ。女優のダフネ・ルイスが勧めていた（www.bamboofarmingusa.com）。

おいしくて栄養もあるタケノコのグリル。さまざまなレシピに使える。

第4章　現代および今後の可能性

竹のグローバル市場の規模は現在、年間推計70億ドルにおよんでおり、2017年には170億ドル近くまで増えるのではないかと予想されている。[1]これまでの竹市場は主に小さな手工芸品や家庭用品に支えられてきたが、これからは、建築資材や床材、バイオ複合材、繊維やパルプ、輸送、代替エネルギー、薬のほか、侵食制御などの環境改善手段や植物復旧プロジェクトなどにも竹が利用されるようになっていくと思われる。原材料として、付加価値製品として、食品として、家具として、炭として、床材としてなど、環境に優しい竹は、グローバル市場に大きく貢献する可能性を秘めている。[2]

●木材の代用

前述したように竹は、伸張・圧縮どちらにおいても木より強い。竹の維管束の繊維が持つ伸張強

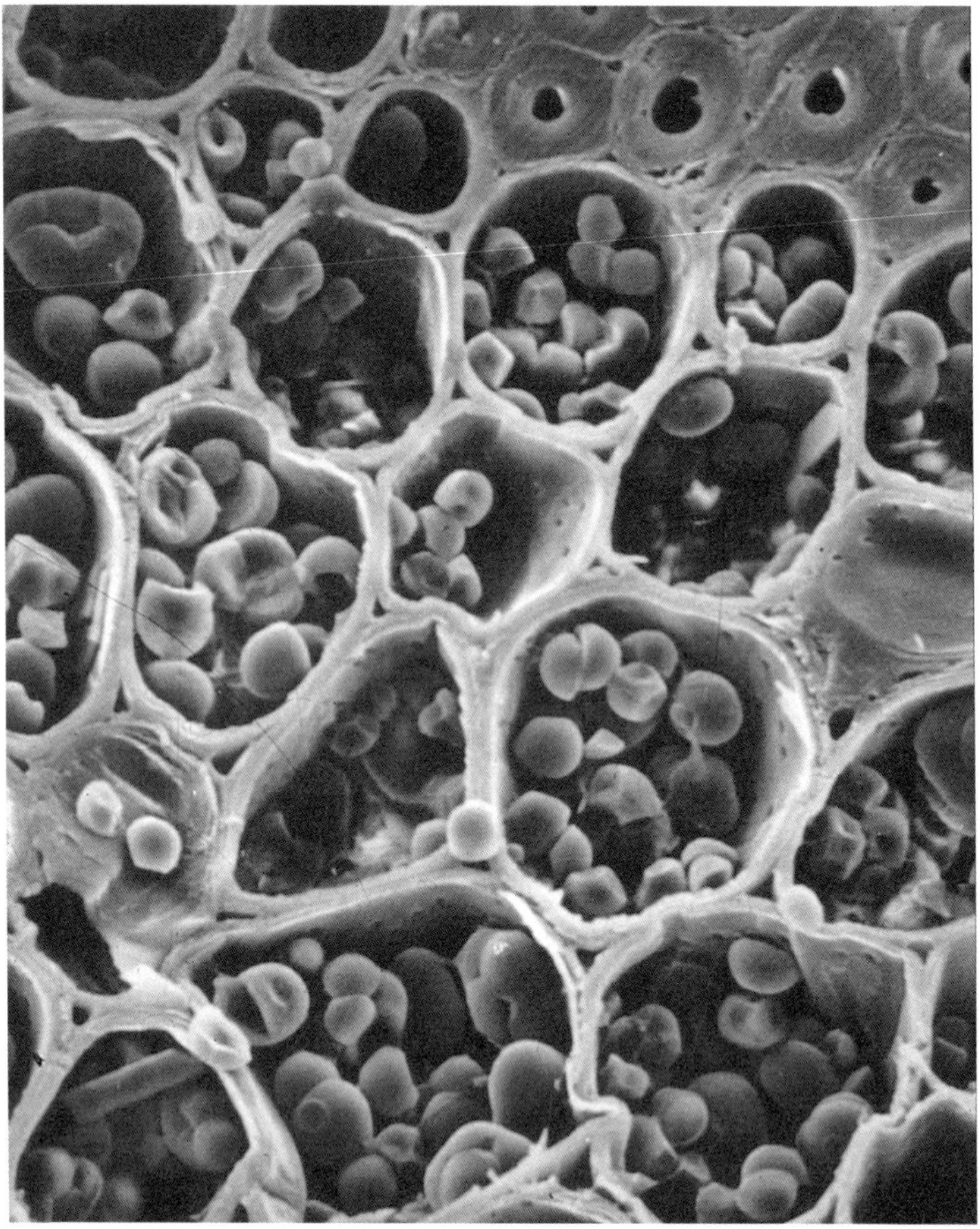

竹の細胞構造の電子顕微鏡写真。ウォルター・リース撮影。

度は、1平方センチあたり最大1万2000キログラムにおよぶ。これは、鋼鉄のおよそ2倍に相当する。[3] 20世紀後半に行われた研究や開発のなかで竹が再評価されると、[4]竹の稈の構造に関する理解やその材料特性や保存技術の研究が進み、いまでは竹の使用効率が格段に向上している。[5]利用可能な資材として竹への関心が高まったのは、竹が世界一成長の速い植物だからだ。それに竹は、世界中に広く分布している。そのため、熱帯雨林が減少し、自然林からの木材供給が不足しているいま、竹が貴重な天然資源と見なされるようになったのだ。

竹稈を平らに加工した製材は、南アメリカでは「エステリーリャ」や「バハレケ」と呼ばれ、村落によっては何百年も前から、壁や屋根や床を張るのに使われていた。だがいまでは、現代的な竹加工技術の到来により、こうした用途がさらに広まりつつあり、竹製の床材、竹製の合板、竹製の羽目板が至るところで見られるようになった。[6]竹はまた、そのままでも割ったものでも、建物の強度を高めるための頑丈な枠組みとして利用できる(ペルーで「キンチャ」と呼ばれる建築法である)。[7]これらの用法が、今後も改良を重ねて利用されていくのは間違いない。さまざまな素材を組み合わせる研究も進んでおり、成形した竹材をグラスファイバーやアルミニウムと組み合わせて使う方法などが考案されている。こうして圧縮・伸張強度を高めた複合素材は、「スーパーハイブリッド」エコ素材と呼ばれる。[8]成形された竹材はリサイクルが可能なため環境に優しく、天然の森林資源を保護するのにも役立つ。

いまや竹製の建材は、グローバル市場に広く流通している。たとえば、プライブー(Plyboo®)という商標名で販売され、主に床や家具に利用されている竹製の合板もあれば、ランブー(Lumboo®)

竹を保存する方法のひとつに、稈から樹液を排出して劣化を防ぐ方法（ブシュリー法）がある。

竹の稈を割って平らにした製材は「エステリーリャ」と呼ばれる。平らにすれば、壁や床など、板材が必要になるどんな場所にも利用できる。

という商標名で販売されている規格材もある。[9] そのほか、竹製の繊維板も、竹製のマットも、竹製の化粧板もある。屋内だけでなく、竹の複合材を屋根やベランダやテラスの材料に使うことも可能だ。天然の竹の繊維を完全リサイクルのプラスチックと混ぜてつくった複合材であれば、通常の建築資材レベルの強度や耐湿性を備え、雨や雪や氷や砂、腐食や道路公害にも耐えられる。見た目は天然の木材と変わりなく、維持管理の手間もかからない。こうした素材は、従来の木材やプラスチック材に代わる環境に優しい素材を求める声に応えるものであり、実際にそう宣伝されてもいる。

このように最近では、竹を地球に優しい素材として「ブランド化」しようとする傾向がある。これは竹が、生態系にあまり影響を与えることなく持続的に開発することが可能な、コスト効率のいい素材であり、原生林が広く皆伐《かいばつ》されたために減少しつつある木材資源に代わる素材になりうるという認識に基づいている。実際、竹は伐採してもすぐに芽を伸ばして成長するため、再生可能な資源と言える。また、生きた森林は巨大な肺のように呼吸しているが、竹林の林冠《りんかん》［樹冠同士が接して横に連なる部分］は堅木林の同等の林冠に比べ、酸素の放出量が35パーセント多いとの推計もある。これは竹が、寿命を迎えるまでに何度も稈を伸ばし、葉をつけた樹冠をつくりあげるからだ。[10] その成長プロセスの間、竹は空気中から二酸化炭素を取り込み、それを稈や地下茎のなかに保持する。この二酸化炭素は、その竹が分解された土壌が耕されるまで放出されることはない。

よく知られているように、気候変動の最大の要因は地球の大気に含まれる温室効果ガスの増加であり、そのなかでもっとも危険視されているのが二酸化炭素である。竹製の製品を使えば、その二酸化炭素の急激な増加を食い止めることができる。持続可能な形で収穫された竹を使い、適切に製

竹が天然資源として容易に利用できる地域では、竹でつくられた住宅は一般的である。

現代のオランダにある竹製の橋。ピム・ド・ブライとチャーリー・ヤンゲが設計した。

現代的な竹製の屋根。優雅さと気品を兼ね備えている。

ラスベガスの家電製品ショーに展示されていた現代の電子機器

竹稈は老化したり伐採されたりすると、緑色が抜けてベージュ色になる。

東南アジアの竹製のボウル。現代的で、シンプルで、機能的で、生分解性もある。

インドの竹の家

962
Avianca
AmericanAirlines

マドリード＝バラハス空港の天井に使われている竹製の化粧板。現代的な素材でスタイリッシュに仕上げている。

造された製品は、数世代はもつ。それを使えば、製品が寿命を迎えるまでの間、二酸化炭素をそこに固定し、その製品の製造や輸送の際に放出された二酸化炭素を相殺することが可能になる。[11]

◉建築

コロンビアのオスカル・イダルゴ＝ロペスは、竹工学のパイオニアとして、同国に豊富に存在するグアドゥア属の竹の利用法の調査に生涯を捧げた。1960年代、コロンビアでは天然の竹林の破壊が集中的に行われ、この巨大な竹は絶滅の危機に瀕していた。だが、コロンビア天然資源研究所の尽力により、許可なく竹林を伐採する行為を禁止する法律が可決されると、コロンビアの竹林も林業も復活を果たした。[12]

イダルゴのあとには、コロンビアの建築家シモン・ベレス、ドイツの橋梁建築家イェルク・スタムなど、木材の代用品としての竹の可能性を確信する無数の若き大工、建築家、職人が続いた。最近では保存・建築・接合・基礎・プレハブに関する技術が進歩し、想像力豊かな目覚ましい発見が次々となされている。信じられないほどの耐久性と多様性を持つ竹は、建築の世界に新たな流行をもたらすだけでなく、持続可能な生活を促進する役割も果たしている。

とはいえ、建築に竹を利用する「旧式」の方法が間違っていたわけではない。アフリカやペルー、エクアドル、日本、インド、インドネシアなどでの伝統的建築法の研究により生まれた新旧混合の設計技法は、見栄えがいいだけでなく合理性もある。1999年に壊滅的な地震を経験したコロンビアのアルメニアなど、地震が多発する地域では、竹を使った従来の家屋のほうが、コンクリート製の家屋より揺れに耐えられるという。[13] 竹林でよく見られるように、竹はしなるだけで折れない。竹製の建物が耐震性を備えているのは、この素材に強度や軽さ、柔軟性があり、壁が支えなければならない慣性質量を減少させるからにほかならない。

◉繊維や布

近年になって竹のセルロースを加工する方法が開発され、竹をパルプ化して紙をつくるように、竹の繊維を使ってビスコース糸を紡げるようになった。この加工には化学物質が使われるため、環境に悪いとの批判があったが、いまでは、腐食性の化学物質ではなく天然酵素を利用する「環境に優しい」加工法の研究・開発が進んでいる。[14] この技術を使えば、靴下、シャツ、ベッドのシーツ、バスタオルなど、これまで綿でつくられていたどんな衣類や布製品も、竹の繊維でつくれる。

ほかの分野の工業原料でも、合成材を強化する手段として、再生可能な素材を利用する選択肢が増えている。たとえば、グラスファイバーや熱可塑《かそ》性物質、プラスチック成形合成材などの素材に竹の繊維を利用するのである。[15] こうした製品は、「環境に優しい」だけでなく見た目もいい。また、竹の繊維で編んだマットをエポキシ樹脂で強化すれば、サーフボードやスケートボードなどの製品にも、自動車や航空機の「外被」にも利用できる。

さらに、竹を原料とするバイオプラスチックは、ポリプラスチックに代わる素材として将来性に

イギリスと日本の影響を受けて考案された、竹をモチーフにした壁紙のデザイン。成長著しい壁紙産業の要請を受け、イギリスのエドワード・ウィリアム・ゴドウィンが1872年に制作した。

アメリカの企業バンブーサが販売しているトイレットペーパー。森林管理協議会の認定を受けた中国の供給業者から仕入れた竹を100パーセント使用している。

生分解性があり簡単に処分できる竹を利用すれば、木材由来の紙製品や石油由来のプラスチック製品への依存度を下げられる。

優れている。ポリプラスチックにはビスフェノールA（BPA）が含まれているが、これは、アメリカの食品医薬品局（FDA）をはじめ、世界中の政府機関が憂慮している物質である。[16] ポリカーボネート・プラスチックを製造する際に使用されるこの工業化学物質には、発がん性の疑いがある。そのためいまでは、水筒や哺乳瓶、皿やカップ、貯蔵用・電子レンジ用の容器など、飲食物が直接ふれる多種多様な家庭・食品関連用品の製造に、バイオプラスチックが利用されている。

バイオプラスチックは、植物繊維や植物樹脂でつくられているため生分解性があり、100パーセント堆肥にできる。埋め立てに使ったり、庭の堆肥貯蔵容器に入れたりしておけば、いずれ分解される。なかでも竹を原料とするバイオプラスチックは、既存のバイオプラスチックに代わる素材として、きわめて有望視されている。既存のバイオプラスチックは、環境や人間の健康に悪影響をおよぼすとされているからだ。[17] 竹を原料とするバイオプラスチックには無限の可能性がある。容器、器具、床の敷物、ごみ袋、ポリスチレン、包装材料などでポリプラスチックの代用になるほか、自動車の部品、導管、絶縁体などにも利用できる。[18]

◉移動手段

かつて人間は、竹の助けを借りて空を目指した。たこやハンググライダー、超軽量の飛行機をつくる際には、竹が一定の役割を果たしてきた。航空のパイオニアたちが竹を利用したのは、この素材が軽いうえに強かったからにほかならない。1990年代半ばには、現在世界竹機構の会長を務

デザイナー兼イノベーターのミシェル・アバディ。「フライブー」プロジェクトで製作した超軽量飛行機に座っている。パリにて。

インドの川に浮かぶ竹の天蓋がある船の描画。イギリスの画家ジョージ・チナリー（1775〜1857年）画。

めるミシェル・アバディが、竹を素材にした航空機を設計した[19]。竹だけを使って超軽量航空機をつくるこの「フライブー」プロジェクトには、竹の利用を革新・促進し、軽いうえに強度があり、再生可能でもある竹を、将来有望な素材として位置づけるねらいがある。それに、竹製の飛行機をつくれば、竹がかつて人間の飛行に果たした役割に再び注目を集めることもできる。それは、竹の無限の可能性を象徴している。

竹はまた船舶にも使える。アジアの船は古代の単純な竹製いかだから発展したが、それらはいまだに世界各地で利用されている。そもそも、現代の帆船の構造は、竹の構造に由来していると言っていい。中空の船体を、節で区切るように横板で仕切り、強度を上げている。現代的な帆船でも、帆を張るための当て木や下桁にはよく竹が使われており、全体が竹の複合材でつくられた船もある。2010年にダーク・シェリングが製作した82フィート［約25メートル］のスクーナー船「コラクル」は、現代の竹製帆船の好例である。

自転車のフレームにも、竹が革新的な形で利用されている。自転車のフレームはこれまで、溶接した金属製のチューブや軽量化鋼、最近ではカーボンでつくられていたが、意外にも最初の竹製自転車は1894年にイギリスで誕生している。最近になってこの竹が、自転車の「新たな」素材として注目を浴びるようになったのだ[20]。自転車のフレームは、乗り手の体重や道路表面の凹凸に耐えなければならないため、多大な強度や柔軟性が必要になる。その点で竹は、独自の細胞構造により、従来の素材に匹敵する強度を備えており、鋼鉄並みの強度重量比を持つ（ただし、カーボンよりかなり重い）。自転車デザイナー兼製作者のクレイグ・カルフィーによると、竹製の自転車の最大の

ブー・バイシクルズのジェームズ・ウルフが製作した「アルブー（竹合金）」製フレームの自転車

利点は、振動を抑え、滑らかで快適な走りを実現できる点にあるという。[21]

竹製の自転車には、職人がこだわるような魅力があるだけではない。こうした自転車の製造は、この素材がふんだんにある発展途上国の家内工業としてうってつけでもある。カルフィーはコロンビア大学の地球研究所と共同で、ガーナとウガンダを拠点に、バンブセロというプロジェクトを始動した。[22] 地元の人々に設計の方法や構造を教え、現地で必要とされている雇用や輸送手段を提供しようというのである。このプロジェクトは多大な成功を収めており、いまではアフリカのほかの国やその他の地域にも、竹製自転車の工房や生産工場が広がっている。

◉エネルギー源

竹を炭化させれば、エネルギー源などさまざまな用途に使えるほか、その過程で貴重な副産物も手に入る。竹製品の製造工程で生まれたごみを利用することもできるため、それを化石燃料の代用として使えば、工業生産の費用を削減できるかもしれない。[23] これまでも、１９４７年にはディーゼル燃料油の精製に、１９８１年にはエタノール生成の原料に竹が使われている。[24]

どんな農業活動にも言えることだが、竹を栽培・収穫し、さまざまな製品の製造に利用していると、どうしてもごみが出る。だが、竹の「ごみ」は、代替燃料製品をつくる優れた原材料になる。竹から高品質の炭や活性炭がつくれるのである。[25] 竹製の活性炭は、抗菌性・抗真菌性に優れ、においを吸収する。[26] また、空気中や水中の有害な汚染物質を吸着し、湿度を調節し、遠赤外線を吸収・

竹炭は、家庭料理用の燃料、茶葉の乾燥、水の浄化に使えるほか、有機不純物や不快なにおいを取り除くのにも利用できる。

放射し、有益なマイナスイオンを放出する。[27] そのため、ガスや水の浄化、金属の抽出、製薬、下水処理、ガスマスクや人工呼吸器のエアフィルター、圧縮空気のフィルターなど、幅広い用途に利用されている。空気や水から汚染物質を取り除けるため、流出物の無害化、地下水の修復、飲料水の濾過、大気の浄化、ペンキやガソリンあるいは有毒環境からの揮発性有機化合物の除去など、民間においても産業プロセスにおいても環境改善に利用できる方法は無数にある。また、ラドンガスの計測にも利用できる。

炭はさらに、農業や林業において、土壌の微量栄養素を増やし、植物全体の成長をうながす土壌改良剤としても使える。農業廃棄物を炭にする行為は2000年前から行われているが、そうすることで炭素が保持されるとともに、土壌機能が改善され、生産性が高まる。特に竹炭は、土壌中の過剰な水分を吸収し、土壌が乾燥したときに、取り込んだ水分を土壌に放出する効果が高い。通常の木炭より表面積が10倍も大きく、吸収率が4倍も高いからだ。[28]

薪《まき》の消費により森林破壊や大気汚染が進んでいる地域では、持続可能な経済発展を促進する一手段として、竹炭の生産が行われつつある。[29] 竹は自己再生を行うため、持続的な供給が可能であり、環境保全にも役立つ。そのうえ炭にすれば発熱量も高いため、家庭用エネルギー源にきわめて適していると言える。

◉薬効

炭を生産すると、酢という重要な副産物ができる。竹酢《ちくさく》は、体内には摂取できない。食用ではなく、栄養補助食品にもならない。だが皮膚に塗れば、肌を滑らかにする、虫を寄せつけない、かゆみや水虫、足のにおいを抑える、血行をよくする、炎症を鎮める、老廃物の排出を促進する（デトックス）などの効果があることがわかっている。[30] また、化粧品産業にも竹が受け入れられつつある。竹から抽出されるエキスには高濃度の天然のシリカが含まれているが、これには肌を回復する効果があることが知られている。そのため、数種の竹の葉や稈から抽出されたシリカが、ジェル、石鹸、スクラブ剤、ローションなどに利用されている。[31] 大衆の間では、合成化学成分が入った化粧品よりも天然素材の化粧品の人気が高まっており、今後さらに、竹エキスを使ったヘアケア製品やボディケア製品が増えていくと予想される。

竹には、薬として使える可能性もある。竹の葉のエキスには、有益な植物化学物質が含まれている。そのひとつが、フラボンを豊富に含むフェノール化合物だ。この物質は抗酸化力に富み、体によいことが知られているため、食品添加物や栄養補助食品として利用できる。また、がん細胞の産生を抑制するコエンザイム（補酵素《ほこうそ》）が含まれている場合もある。[32] 伝統医学で竹が使われていたのには、それなりの根拠があるのだ。
さらに、まだタケノコを食べていない人も、タケノコを食事に加えたほうがいいと思われる新たな証拠が見つかっている。中国では2500年以上前から食されてきたように、竹が自生している地域では、タケノコは重要な食料源となっている。タンパク質、炭水化物、ミネラル、食物繊維などの栄養が豊富な一方で、脂肪や糖質は少ない。[33] とりわけ若いタケノコは、チアミンやナイアシン、ビタミン(A、B_6、E)、カリウム、カルシウム、マンガン、亜鉛、銅、鉄、クロム、さらには17種のアミノ酸(そのうち8種が必須アミノ酸)をたっぷり含んでいる。タケノコにはそのほか、植物ステロールという成分も入っている。これはコレステロールに似た植物栄養素だが、腸管におけるコレステロールの吸収を抑え、「悪玉」とされるLDLコレステロールの量を低下させる効果がある。また現在では、ビスケット類、ソース、パスタ、スナック菓子、朝食用シリアルなど、さまざまな食品に竹の繊維が添加されている。[34]
同様に、竹の葉や稈を動物用の飼い葉として使えば、その動物に必要な栄養を提供できる。アジアの一部では、古くから竹が家畜の飼料として利用されてきたが、いまでは世界中どこでも、飼育されているさまざまな哺乳類に竹を与える機会が増えている。アメリカのオレゴン州とワシントン州で1990年代以来継続的に行われている研究の暫定結果によると、牧草の干し草より竹のほうが好ましい成果が出ているという。[35]

竹林で採れたばかりのタケノコ

タイの伝統料理。竹稈で米を料理する。

◉環境問題への応用

竹を使えば、さまざまな形で人工的な環境を改善できる。たとえば、一部の竹は、土壌を固定してくれるため、道路の中央部や土手の侵食を抑制するのに役立つ。竹が土壌の侵食抑制に効果を発揮するのは、地下茎を広範囲に伸ばすからだ。この性質のおかげで、水源管理などの水文《すいもん》学的機能を果たすこともできる。[36] 竹がバイオフィルターの役割を果たし、土壌や水、大気を浄化してくれるのである。また、交通騒音の緩和、好ましくない眺望の遮蔽、歩行者の交通パターンの制御にも利用できる。適切に植栽すれば、風よけの効果がある緑地帯を形成することも可能だ。

世界には、かつて工業用地として使用され、土壌がひどく汚染されてしまったため、もう農業に使えなくなってしまった土地が至るところにある。だが、これほど汚染されてしまった土地でも、バイオ燃料を生み出しながら、同時に土地の浄化もできる大きな可能性が生まれようとしている。広い土地を浄化しようとすれば、たいていは先進的なテクノロジーが必要であり、多大なコストもかかる。ファイトレメディエーション［植物を利用して環境を改善・浄化する技術］を利用すればコストはさほどかからないが、汚染が浄化されるまでにかなりの時間がかかる。だが、竹を使って大規模にファイトレメディエーションを行えば、比較的早く土中の重金属を除去できるうえに、確立された管理法により大量のバイオマスを生産できる。[37]

こうした生態系を利用するアプローチは、きわめてエネルギー効率よく大気を浄化できるため、それを活かした炭素クレジット市場［二酸化炭素による地球温暖化を防止するため、企業や組織ごとに二酸化炭素の排出枠を決め、排出量が余った企業や組織と、排出枠を超えた企業や組織との間で、二酸化炭素の排出量を取り引きする市場」も生まれている。[38] これを効果的に活用すれば、企業や組織が大気に放出する二酸化炭素を一定量にとどめることが可能になる。この市場への投資は、単に利益になるだけではない。現在ではそれこそが、もっとも倫理にかなった、もっとも社会的責任のある投資と考えられている。[39]

二酸化炭素を相殺する手段として竹がどの程度の可能性を秘めているかについては、さらなる研究が必要だが、現在わかっているかぎりでは、竹の二酸化炭素固定能力はかなり有望だ。[40] 竹は、二酸化炭素を吸収して酸素を放出する活動を通じて、二酸化炭素を貯蔵する役割を果たす。農業用の土壌改良剤として使われる竹炭もまた、そこに炭素を閉じ込め、二酸化炭素の収支を「マイナス」にしてくれる。最近では、大量の炭素を含んだ古代の竹の化石が発見されており、これも、自然なプロセスを通じて炭素が固定されることを示している。[41] 同様に、竹材やパルプなど、多種多様な竹製品を通じても、長期にわたり炭素を固定できる。[42] このように竹は、温暖化の抑制にさまざまな形で利用することが可能だ。

さらに竹は、大気中の二酸化炭素濃度を許容レベルに維持する取り組みに貢献できるばかりでなく、地元の人々に住まいや収入を提供し、その人たちの福利を向上させる。[43] 栽培や製品の生産を通じて生計の手段を与えてくれると同時に、土壌の侵食制御、水源の管理、生物多様性の維持といった重要な環境機能も提供してくれる。これほど生態的・社会的・産業的機能を兼ね備えた植物はほかにない。竹は、土壌や水や大気を浄化することも、環境に優しい経済を創出し、地方に再生可能製品産業を生み出すことも、安全かつ持続可能なエネルギー源を提供することもできる。

世界の各地域には、寺社の周囲の茂みから村全体で管理された林まで、数百年にわたり竹を栽培・収穫してきた知恵がある。そのうえ、過去20年の間に竹の繁殖技術は劇的に向上し、土地への活用（修復や装飾）や農林業の需要に合わせ、若竹を大量に生育させることが可能になった。[44] その結果いまでは、木材の代用、エネルギー源、手工芸品の材料として栽培・収穫し、利益をあげられるようになっている。建築、製造、エネルギーの原材料として、また持続的に二酸化炭素を固定する手段として竹を推進していけば、農林業の発展においても温暖化の抑制においても、新たな可能性が開ける。また、竹の持続的な管理・開発、竹産業の育成に投資すれば、田舎に暮らす何百万もの人々の生活を守り、向上させていくこともできる。

組織培養により繁殖させた若い竹。ベルギーのオプリンス・プラント社にて。

第5章　環境

竹にはどこか人間の関心を引きつけるものがある。実際、竹に対する関心は世界的に高まっているようだ。その理由としては、多様な気候帯に広く分布している、成長パターンや開花の仕組みが独特な種が多い、生態学的に重要である、人間にとってさまざまな用途や価値がある、といった点が考えられる。竹が自生している地域では、竹は森林の生態系に欠かせない構成要素となっている。一斉に開花して枯死するという独特のライフサイクルを通じて、森林内の生態系の仕組みを支える重要な役割を担っている。[1] だが、人間活動が森林やそこに暮らす種におよぼす影響が高まるにつれて、竹の生育環境は危機に瀕している。その結果、竹に依存して生活している多くの動物種がその被害にあい、適応や生き残りに苦労している。

1980年代に世界自然保護基金がそのロゴにジャイアントパンダ（学名 *Ailuropoda melanoleuca*）を採用したのも、この動物が絶滅の危機に瀕していたからだ。このパンダのロゴは、危機に瀕しているあらゆる動物の苦境を表現すると同時に、国際的に協力すればこの動物たちを救えるとい

竹やぶにすむ益虫のカマキリ。カマキリは肉食性で、作物を食い荒らす昆虫を食べてくれる。カマキリがいれば、その生態系はバランスがとれていると考えられる。

竹の食事を楽しむ愛らしいジャイアントパンダ

う希望を象徴してもいる。ジャイアントパンダは、自然の生息環境が狭まっているうえに、いまでは人間が定めた境界のせいで、食物を探しに移動することもできないでいる。

現在ジャイアントパンダが自然に生息しているのは、中国西部の山岳地域だけだ。大規模な調査によれば、もはやわずか1000頭ほどが生息しているにすぎないという。[2] かつては、東は上海や香港、西はミャンマー、北は北京近くに至るまで、260万平方キロ以上にわたる中国南東部の広大な領域を闊歩していた。その頃は狩猟の対象とされ、1928年にはセオドア・ルーズベルト・ジュニア（セオドア・ルーズベルト大統領の息子）が1頭を仕留め、ジャイアントパンダを撃った最初の白人となった。[3]

ジャイアントパンダは主に、竹の芽や稈、枝、葉を常食としている。成竹は繊維質で栄養価も少ないため、大量の竹を消費しなければならず、1日あたりの消費量が15キログラムにおよぶ場合もある。[4] 食料を貯蔵したり、冬眠したりはしない。1年を通じて毎日食べ、自然生息域では8属31種の竹がえさになる。[5] 300万年前のジャイアントパンダの歯の化石を見ても、現在のジャイアントパンダの歯とほとんど変わらない点から見て、パンダと竹との関係は昔から続いていたようだ。[6] そのため、いまでは竹にみごとに適応し、その手首にある小さな橈側《とうそく》種子骨が長く伸びている。これが、本来の指とは独立して動く筋肉に支えられ、人間の親指のような役割を果たす。[7] そのおかげで、竹の稈を片手でつかむことも、細く小さな枝をつまみ上げることもできる。古くから竹を食べてきたために、そう進化したのだ。

竹は顕花植物だが、主に成竹の基部から新芽を伸ばして繁殖する。一般的には開花サイクルはきわめて長く、15年サイクルの種もあれば、120年サイクルの種もある。[8] 開花の時期になると、その地の竹の大半が一斉に開花したのちに枯死し、あとは種子から次世代が成長するに任せる。一斉に枯死する理由はいまだ明らかになっていないが、この現象はジャイアントパンダに多大な影響をおよぼす。

1970年代半ばに竹が開花したときには、中国の四川省北部から甘粛省《かんしゅく》南部にかけて伸びる岷山《みんざん》山脈の全域で、およそ5000平方キロ以上の竹林が枯死した。[9] これほどの広範囲で開花・枯死が起きたのは、ロシアの植物学者M・ベレゾフスキーが1880年代半ばに同地域で観察・記録して以来のことである。[10] ただし、ジャイアントパンダの大規模調査を行ったジョージ・シャラーの報告によると、1983年にも竹が一斉に開花したが、それは標高2600メートルまでの場所だけであり、それより標高が高い場所では1976年に開花・枯死していたという。つまり、標高によって開花サイクルが違うため、定期的に竹が枯死しても、パンダは生き延びることができたのだ。これならパンダは、食料を求めて斜面を登ったり下りたりするだけでいい。地域によっては、13種の竹が生育している場所もある。こうした竹の多様性のおかげで、一斉枯死によりある種の竹がなくなってしまっても、ジャイアントパンダの食料が途絶えることはないのである。[11]

竹の種子が発芽するためには、林冠がつくりだす湿度の高い涼しい環境が必要になる。種子は強い日差しに弱く、樹木が伐採された山腹では、乾燥により死んでしまう。そうなると、一斉枯死のあとに竹が十分に再生できなくなるため、直接竹を伐採しなくても、結果的にはジャイアントパンダから食料を奪うことになる。[12]

竹工芸家、米澤二郎の作品（2005年）。オレゴン州のバンブー・ガーデンの森に吊り下げられている。

とはいえジャイアントパンダは、竹に依存している多くの生物の一種にすぎない。全世界の竹の自然生態系を守れば、人間だけでなく、多種多様な動物種の生活の保護・改善につながる。自然現象による種の絶滅は古くからあるが、人間活動による種の絶滅はそれとは違い、憂慮すべき事態である。人間がこの地球に影響をおよぼしている現実を受け入れ、それに積極的に対処していく必要がある。[13]

たとえば、四川省に生息するキンシコウ（学名 *Rhinopithecus roxellana*）は、ジャイアントパンダと自然分布域がほぼ重なり、生息環境や食料がジャイアントパンダと競合関係にある。そのため、やはり似たような運命をたどっており、生息域を断片化され、パンダ以上に生存を脅かされている。[14]キンシコウは主に、竹の若い葉や芽、そのほかの植物の果実や花、灌木、無脊椎動物をえさにしている。食べ物をえり好みせず、見つけたものを食べる機会選択的捕食者だが、年中見つかる竹を頻繁に食べる傾向があるため、森林が破壊されて竹が減ると、キンシコウの生存に重大な影響が出るおそれがある。

ツキノワグマ（学名 *Ursus thibetanus* syn. *Selenarctos thibetanus*）も、中国の同じ地域が原産である。竹林のなかで暮らしていることが多く、雑食性ではあるが、新芽が出てくる春には竹もよく食べる。[15]だが樹木の伐採、人間の居住地の拡大、道路網や水力発電所の開発などによる生息地の喪失、および皮や「手」（前足。一部の地域で珍味とされている）、胆囊（中国や朝鮮の伝統医学で利用される）を目的とした乱獲により、生存を脅かされている。[16]

ジャイアントパンダの遠い親戚にあたるレッサーパンダ（学名 *Ailurus fulgens*）は、ブータンや中国、インド、ネパールに生息している。赤茶色の毛に白い模様があり、ジャイアントパンダよりはるかに小さいこの動物も、やはり危機に瀕しており、いまでは飼育されているものも含め、世界に2500頭足らずしかいない。レッサーパンダも、その自然生息域に生える特定種の竹を好んで食べる。[17]

確認されているコウモリのなかでも最小クラスに属するタケコウモリ（学名 *Tylonycteris pachypus*）は、インド、アンダマン諸島、ミャンマー、タイ、マレーシア、インドネシア、フィリピンのほか、[18]中国南部全域や香港に分布している。驚くほど小さく（体長は4センチほど）、甲虫が穴を開けた成竹（香港全域で見られるギガントクロア・スコルテキニイ *Gigantochloa scortechinii* など）の稈のなかに入り、その節と節の間に巣をつくる。マルハナバチコウモリとも呼ばれているように、体重はペーパークリップよりやや重い程度で、1・5グラムほどしかない。このタケコウモリも、竹林を縫う小道沿いや樹冠の上で食料をあさっている。[19]

そのほか、アジアの太平洋岸では、ほぼ竹林のなかだけで生活している鳥が15種確認されている。その多くが生息環境に欠かせないものとして竹を利用しているが、現在では生存を脅かされ、個体数を減らしている。[20]たとえば、フィリピンの固有種であるルソンセイコウチョウ（学名 *Erythrura viridifacies*）の生態は、竹の開花・結実と密接に関係しており、それを重要な食料としている。

明るい緑色と鳴き声が美しいこの鳥の生活は、森林のなかに空間的にも時間的にもまばらに現れる資源（竹の種子）に依存している。そのため、生息域が破壊されれば、この鳥も生存を脅かされることになる。森林がやや攪乱《かくらん》される程度なら、竹の生育条件が改善されるため、この鳥の利益に

竹が持続可能な資源になるのは、中国の安吉県にあるこの農園のように、適切に管理・収穫される場合だけだ。自生地で採取したり過剰に収穫したりすれば、環境の悪化を招きかねない。

もなるが、森林が皆伐されてしまえば、鳥も食料源を失ってしまう。[21]

ケニアのアバーディア山脈など、アフリカ東部の山地に生息するケニアボンゴ（学名 *Tragelaphus eurycerus* ssp. *isaaci*）は乾季になると、すみかや食料に竹（ユシャニア・アルピナ *Yushania alpina*）の茂みを利用する。だが残念ながら、人間の侵入により生息域を奪われ、いまでは絶滅危惧種に指定されている。この動物を絶滅から守るためには、竹林の保護が欠かせない。[22]

マウンテンゴリラ（学名 *Gorilla beringei beringei*）は、コンゴ民主共和国東部、ルワンダ、ウガンダ南西部の山地や竹林にすんでいる。竹が芽を出す6月と11月には、それが食事の90パーセントを占める場合もあるほど、竹を好んで食べる。[23] だがこの種も、２００２年に絶滅危惧種に指定された。この類人猿の個体数は、人間活動（土地管理計画や政策など）により大打撃を受けている。

たとえば、以前こんなことがあった。マウンテンゴリラは、コンゴ・ルワンダ・ウガンダ3か国にまたがる公園内に暮らし、ユシャニア・アルピナという竹の芽をよく食べる。そのためウガンダ野生生物保護庁は数年前、原住民のトゥワ族（ピグミーの一部族）が絶滅危惧種のゴリラの食料を奪ってしまうのではないかと懸念し、公園のウガンダ側でトゥワ族が竹を収穫するのを禁止した。するとその数年後、竹は自らの意思で芽を出すのをやめてしまった（竹には、分厚い林冠が形成されて林床に光が差し込まなくなると、既存の竹が枯死または伐採されて明るいすき間ができるまで芽を出すのをやめ、既存の稈から栄養素を吸い上げ、エネルギーをため込む性質がある）。芽が出なければ、ゴリラもいなくなる。ゴリラは新たな竹の芽を求め、ルワンダ側やコンゴ側に移動した。するとウガンダのマウンテンゴリラを見にやって来る観光客が激減し、彼らが支払う数千ドルの

ニシローランドゴリラ。日常的にタケノコを食べる。

現金も手に入らなくなった。その後、ウガンダ野生生物保護庁がトゥワ族を公園に戻して従来どおり竹の収穫を認めると、「自然」のサイクルは復活を果たしたという。[24]

マダガスカルの固有種であるジェントルキツネザルも、木本タケ類がなくてはならない生活を送っている。ジェントルキツネザルには、ハイイロジェントルキツネザル（学名 *Hapalemur griseus*）、ヒロバナジェントルキツネザル（学名 *Hapalemur simus*）、キンイロジェントルキツネザル（学名 *Hapalemur aureus*）の3種があり、それぞれマダガスカル島の異なる場所に生息しているが、いずれも竹が多く茂る森林のなかで暮らし、竹のさまざまな部分を重要な食料にしている。たとえば、ハイイロジェントルキツネザルは数種の竹の新芽や葉脚や髄を、ヒロバナジェントルキツネザルは特定種の竹（カタリオスタキス・マダガスカリエンシス *Cathariostachys madagascariensis*）の髄を食べる。ヒロバナジェントルキツネザルは1972年に絶滅したと考えられていたが、世界自然保護基金の研究者が1986年に再発見した。3種のなかで発見年代がいちばん新しいキンイロジェントルキツネザルは、カタリオスタキス・マダガスカリエンシスのほか、草本タケ類の葉脚や新芽も食べる。[25]

また、ヘサキリクガメ（学名 *Astrochelys yniphora*）はマダガスカル島西部の乾燥地帯に生える竹林にのみ生息しているが、残念ながらこの爬虫類も絶滅が大いに危惧されている。[26] そのほか野生のアジアゾウも、竹林の喪失により同様の状況にある。1960年代にはゴムノキの農園をつくるため、中国雲南省の数千平方キロにわたる土地が破壊された。およそ1万ヘクタールが開墾され、天然の竹林（デンドロカラムス・メンブラナケウス *Dendrocalamus membranaceus*）が数千ヘクタールも伐採された。そこは、中国でも最大規模を誇るこの連軸型の竹の自生地であり、この地域のアジアゾウにすみかや食料を提供していた場所でもあった。[27]

アマゾン川流域でも、そこに生息する鳥類の4〜5パーセントは、竹に依存した生活を営んでいると推測されている。たとえばミナミウスズミシトド（学名 *Haplospiza unicolor*）のライフサイクルは、一斉に結実するクスケア属の数種の竹と完全に同期している。そのため、（南半球の）春ではなく秋に繁殖する。[28]

こうした危機的状況は、熱帯地域や発展途上国に限られた話ではない。北アメリカでも、かつてはアルンディナリア・ギガンテア（*Arundinaria gigantea*）という種の竹やぶが豊富に存在し、さまざまな鳥に食料やねぐらを提供していたが、こうした生息地の破壊により、ムナグロアメリカムシクイ（学名 *Vermivora bachmanii*）は絶滅危惧ⅠA類に区分される稀少種となり、カロライナインコ（学名 *Conuropsis carolinensis*）は永遠にその姿を消した。学者の説明によれば、カロライナインコが絶滅したのは、生息地が失われたほか、その繁殖パターンに柔軟性がなかったからだという。[29]

このインコは、求愛行動や繁殖行動を天然の竹やぶのライフサイクルに合わせていた。つまり、竹の結実に刺激を受けて繁殖行動を起こす体の仕組みになっていたのだが、竹の結実は毎年起きるわけではないため、繁殖の機会は制限される。そこへ人間の開拓者が現れ、農耕や放牧のため、天然の竹林を根こそぎ伐採してしまった。その結果、カロライナインコの繁殖機会はますます減少した。要するに、薪を得るための森林伐採や農耕地の開墾などにより生息地が破壊されるなかで、柔軟性のない繁殖パターンが命取りとなったのである。1844年にはすでに、ジョン・ジェームズ・オーデュボンがこう記している。「いまではもう、15年前に見られた個体数の半分もいない」[30]

こうした鳥類は「竹林依存性鳥類」と呼ばれ、ほかにも世界中にさまざまな例があることが確認されている。たとえば、フロリダ自然史博物館のアンドリュー・クラッターは、ペルー南東部の低地林の竹やぶ（グアドゥア・ウェベルバウエリ *Guadua weberbaueri*）に生息域が限定されている鳥類が19種いることを明らかにしている。[31] これらはいずれも竹林依存性鳥類に分類されるが、そのほかにも、こうした竹やぶを好みはするが、ほかのすみかを利用することもある鳥類が、さらに7種いる。そのため竹林依存性鳥類は、さらに細かいグループに分類できる。生息している地理的範囲の全域でこうした竹やぶのみに生息している絶対的竹林依存性鳥類（クラッターは少なくとも4種をこのグループに数えている）、ペルーの南東部から少し離れたほかの生息地を利用しているケースもある準絶対的竹林依存性鳥類（クラッターによれば9種）、そして、ペルー南東部から離れた竹のない生息地をよく利用する条件的竹林依存性鳥類（クラッターによれば4種）である。これは、一部の鳥が竹やぶに対する居住嗜好を次第に変化させつつあることを示唆している。[32] 人間活動（農耕などによる自然攪乱）の増加により、こうした竹林は細分化され、それに依存する鳥類の生存が脅かされている。竹林を守れば、これらの鳥類の保護にもつながる。

竹林に依存している生物のほか、日和見的に竹林を利用する生物もいる。前述したように、竹が一斉に開花したのちに枯死すると、その場所の生態系の力関係が不安定になり、そばに暮らしている動物や人間に害をおよぼす。南アメリカではスペインに征服された16世紀以来、「ラタダ」と呼ばれるネズミの異常繁殖が記録されている。[33] ラタダは、竹の開花と関係している。竹の実が生り、摂取できる食料が一気に増えるため、ネズミの繁殖率が爆発的に増加するのだ。また、降雨量のピー

鈴木春信の木版画『竹間の鶯』(1770年)。ふたりの女性が草花を摘みながら、竹林にいるウグイスの鳴き声に耳を傾けている。

クとも関係があるという。ちなみに、南アメリカの竹は、種ごとに開花サイクルが異なる。たとえば、メロスタキス・フィストゥロサ（*Merostachys fistulosa*）は30年周期、クスケア・キラ（*Chusquea quila*）やクスケア・ワルディウィエンシス（*Chusquea valdiviensis*）は12年周期、クスケア・コレオウ（*Chusquea coleou*）の一部は14年周期である。ラタダによりネズミが過剰に増えると、病気が蔓延するおそれがある。したがって疫病を予防するためにも、竹の開花を正確に予想することが必要になる。[34]

東南アジアでは、ナシタケがおよそ48年周期で一斉に開花する。こうした現象は伝説と化している場合もあるが、歴史的・生物学的に間違いのない事実である。[35] ナシタケは、インド北東部全域（主にミゾラム州やマニプル州）のほか、ミャンマー（主にチン州）やバングラデシュ（チッタゴン丘陵地帯）に分布している。起伏が多いこれらの地域の谷や山腹を密に覆い、開花すると大きな果実を実らせて枯死する。アボカドに似た果実は大きな種子を抱き、タンパク質などの栄養素を豊富に含んでいる。そのため、結実する時期になると、あたりの森林に暮らすネズミがその果実や種子をえさにする。するとネズミは、生んだ子どもを食べる（個体数を調節するネズミなりの方法である）のをやめ、加速度的に増殖を始め、3か月ごとに新たな世代を生み出していく。急増したネズミは、竹の果実や種子を食べ尽くしてしまうと、夜ひそかに農場や村に侵入し、そこに貯蔵された米やトウモロコシなどの穀物、ジャガイモなどの作物をむさぼり食う。大きく成長したネズミは、竹や木の床、壁、貯蔵容器や蔵にも穴を開けてしまう。その結果、ナシタケが生えている地域の原住民が大規模な飢餓状態に陥ったこともある。

ナシタケの大きな果実。インド北東部にて。

竹林にすむネズミは、竹が結実する時期になると爆発的に繁殖する。インド北東部にて。

人間が住んでいる場所を除けば、ほとんどの自然環境はバランスのとれたシステムとして機能している。1994年、竹に支えられた複雑な生命の営みに関する画期的な研究が『スミソニアン・マガジン』誌に発表された。そこには、1993年6月にペルーのマヌー川流域を調査したスミソニアン研究所の昆虫学者ジェリー・ルートンとフィラデルフィア自然科学アカデミーの生物学者レーモン・ブシャール、偶然同時期にマヌー国立公園を調査していた爬虫両生類学者ロイ・マクディアミッドとコーネル大学の大学院生レックス・クロクロフトによる驚くべき発見が報告されている。『竹の稈のなかで発見された、命を宿す新たな世界』という論文のタイトルが示すとおり、この4人の学者は「ある世界のなかの世界」を発見した。その世界とは、1本のタケノコ（グアドゥア・ウェベルバウエリ）と何の変哲もない1匹の茶色の昆虫（キリギリス）により生み出された、ほぼ自己完結的な生態系である。[36]

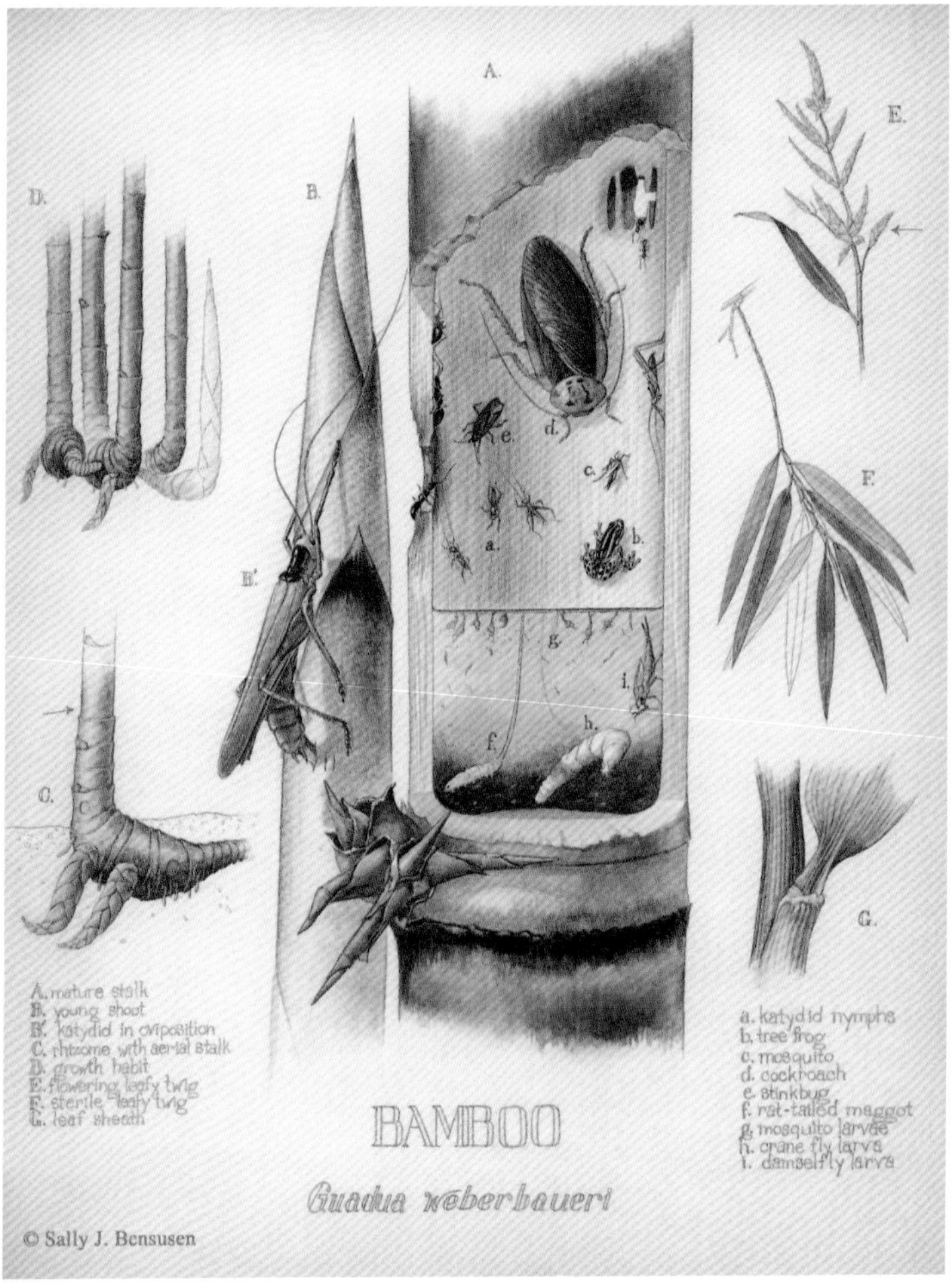
A. mature stalk
B. young shoot
B'. katydid in oviposition
C. rhizome with aerial stalk
D. growth habit
E. flowering leafy twig
F. sterile leafy twig
G. leaf sheath
BAMBOO
Guadua weberbaueri
a. katydid nymphs
b. tree frog
c. mosquito
d. cockroach
e. stinkbug
f. rat-tailed maggot
g. mosquito larvae
h. crane fly larva
i. damselfly larva
© Sally J. Bensusen

ペルーの竹の稈のなかで暮らすさまざまな生物

その内容を紹介しよう。ペルーの森林の林床にたまった腐葉土から、新たなタケノコが顔を出す。すると、そのタケノコの上に茶色のキリギリスが舞い降り、ナイフ形の細長い産卵管を繰り返しタケノコに突き刺して、「ぶたの貯金箱に硬貨を入れるように[37]」、円盤型の卵を産みつける。やがてタケノコは、伸縮式の望遠鏡のように上に伸びていく。稈が長くなるにつれ、キリギリスがつけた小さな割れ目も縦に伸びていき、しまいにはその割れ目の並んだところが、小さな牢獄の柵のような姿になる。稈は分節化されているため、稈が伸びれば、そのなかに連続する空洞（節間）ができる。その空洞に水が入り、小さなプールになる。そこへ、割れ目を見つけたほかの生物がやって来る。間もなくそこは、少なくとも17種のカの幼虫が生存競争を繰り広げる空間になる。すると、もっと大きな肉食性の昆虫もやって来る。イトトンボが飛んできて、やはりそこに卵を産む。オナガウジやガガンボの幼虫、あるいは25セント硬貨ほどの大きさのキオビヤドクガエルが、この空中の池に入ってきては出ていく。このカエルはオスが子どもの世話を担っており、オタマジャクシを背中に乗せてこの水場に連れてくるのだ。このように、竹のなかにある空中の池はひとつの小宇宙を構成している。ルートンとブシャールが確認したかぎりでも、グアドゥア属の竹のなかの池にすむ水生昆虫は29種におよぶという[38]。

さらに時間がたてば、グアドゥア属の竹やそのなかのプールに食料を求めて、さらに大型の動物が無数にやって来る。アマゾンコロコロトゲネズミ、ムナグロテンニョゲラやハシブトマユカマドドリ、アカユミハシオニキバシリといった鳥、ヘビなどである。竹がやがて成竹の高さ（9〜18メートル）に達すると、そのなかに隠れたプールはフサオマキザル（オマキザル属の一種）のえさにな

ペルーの竹に育まれる命

る。このサルは、竹の稈の割れ目よりやや上の部分を歯でかんで、バナナの皮のように下へ外皮をはぎ、稈に30センチほどの穴を開ける。そうして、そこにすんでいる小さな生物を食べるのである。[39]

こうした研究を見ると、大きなスケールでも小さなスケールでも環境を調査する必要のあることがわかる。小さな世界でも子細に調べれば、そこには多様な生物がひそかに息づいている小宇宙がある。あらゆる生物の進化的関係や相互関連性を理解することが、大小を問わず数多くの生物の生存を守ることにつながる。

これまで人間が竹の生態系やそれに依存する動物を脅威にさらしてきたにもかかわらず、多くの原住民部族は、竹を日常生活に欠かせないものと考えている。南太平洋やパプア・ニューギニアの部族は、ゴロカショーなどの伝統儀式に使う鳥の羽根を保存する聖なる容器として、竹の稈を利用している。[40]伝統儀式の際には、フウチョウ科の数種の鳥の色あざやかな羽根で身を飾って踊る。部族の人々がこれらの鳥に寄せる敬意は、その鳥の保護においても重要な役割を担っている。狩りを厳しく制限し、鳥の生育環境を保護しているのである。伝統的な羽根飾りは、竹の筒のなかで良好な状態で保存され、3～4世代にわたって引き継がれる。[41]

生物多様性の保護は、貧困の緩和や持続可能な開発といった問題の解決に欠かせない。[42]だが天然の竹林は、ゴムノキやヤシ、パイナップル、バナナ、あるいは成長の速いチークなど、経済的に価値のある作物をつくるために破壊されている。また、管理が不適切だったり行き届かなかったりして、種の衰退や喪失を招いているところもあれば、木材の規制や土地の管理、汚職や拝金主義など、政治が悪影響をおよぼしているところもある。多くの国で「非木材林産物」に分類されている竹は、

竹の農園は水はけのいい斜面につくられることが多い。斜面に竹を植えれば、土壌の安定にも役立つ。

農業においても林業においても、いつも資源目録から除外されている。[43]

その結果、残念ながら竹は危機に瀕している。竹に依存して生活している動物も同様だ。竹の生物多様性、竹に依存する動物の生物多様性を今後も維持していくためには、注意深い分析や早急の管理、最適な保護手段の適切な実施が必要だ。

全体的に見ると、生物多様性に関するいちばんの問題は、生物多様性の保護を社会のほかのニーズとどう結びつけるかという点にある。だが、生物多様性の保護には選択的価値［現在は生物資源として利用していなくても、将来世代のオプションとして残しておく価値］と内在的価値［生物資源として利用されるかどうかに関係なく、進化の賜物としてすべての生物種が有している存在価値］があると考え、ほかの価値観とのバランスをとれば、保全生物学の幅広い分野に対応できるのではないかと思われる。保全生物学は、功利主義や消費主義ではなく、人間にはこの世界に対する責任があるという考え方に根差している。[44] 従来の資源保護の指針となっていた功利主義や消費主義では、人間が経済的に利用するため、消費するためだけに資源を保護してきた。[45] だが、アメリカの哲学者J・ベアード・キャリコットは、非実用的価値に関する哲学論議を提唱し、こう述べている。道徳的な問題を抜きにして短絡的な議論はできない。種にはそれなりの内在的価値があり、人間には生物多様性を保護する倫理的義務がある、[46] と。

生物多様性は、有史以前から脅威にさらされてきた。それは、進化適応の力が常に働いているからだ。しかしここで問題になるのは、種がこのまま生きていくに値する存在なのかどうかではない。どんな種であれ、それ自身の能力に従い、運命をまっとうするだけの価値はある。自身の流儀、自

熱帯に生えるダイサンチクの園芸品種「ワミン」のタケノコ。色あざやかで力強い。

身の実力で生き死にを決めるだけの価値はある。[47] 魅力的な動物が人間活動のために危機に瀕していると、私たちの道徳心はうずきだす。ジャイアントパンダの危機に世界中が注目したのがいい例だ。しかしこの現象には、野生生物と人間との複雑な関係が示すいい面と悪い面が同時に現れている。ある動物の危機により、もっと大きな問題への関心が高まれば、それは正しい方向へ向かっているように思えるかもしれない。だが、危機に瀕している種がミノウ［ヨーロッパに生息するコイ科の小魚］やあまり知られていない木だったとしても、私たちはそれほど心配するだろうか？ ジャイアントパンダの状況は、私たちが向かうべき正しい方向を見失うわなになりかねない。[48] 世界中の動物園に高額のパンダを大使として送るのではなく、パンダの自然生育環境を保護し、健全な個体数を維持していけるようにするために資金を使うべきではないのか？ そうすれば、ジャイアントパンダがこれまでの数百万年間と同じように生き延びていけるだけでなく、その生態系に含まれるあらゆる植物も守られ、生物多様性が損なわれることもなくなる。

ここでもう一度、人間が古くから竹に与えてきた象徴的意味を思い出してほしい。中国や日本の文学では、竹は模範的な行動、高潔、礼儀を表すものと見なされている。竹を利用して、人間が破壊した環境を元に戻すことができたら、私たちはこうした特性を取り戻せるかもしれない。昔話が述べているように、竹は本当に私たちを汚れから守ってくれるのではないだろうか？

原初的な形態で森林や空き地に現れた竹は、時間をかけて高度に分化したイネ科植物の1グループへと進化してきた。[49] その際に採用した複雑な繁殖戦略や、多様な生態系で生態的地位を獲得する独特の仕組みは、いまだに畏怖や敬意の対象になっている。竹はまた、経済開発の手段や代替エネ

韓国では、潭陽（タミャン）と言えば竹である。光州市の隣にあるこの小さな町には多種多様な竹林があり、韓国における竹工芸の中心地になっている。

ルギー源を提供するとともに、環境を改善する力も備えている。そのような形で竹を利用すれば、私たちのためになるだけでなく、地球上のあらゆる生物のためになる。

河鍋暁斎（かわなべぎょうさい／ 1831〜89年）の木版画

謝辞

落ち着いた静寂のなかにあっても竹林にいれば孤独ではない。

本書を執筆する機会を与えてくれたリアクション・ブックス社のマイケル・リーマンに感謝したい。

本書は、竹の幅広い話題をすべて網羅した論文と言うにはほど遠いが、竹の現状に関する「学問全体に多少なりとも貢献しようとする」私なりのつたない試みと言える。その思いは、1880年に『イザベラ・バードの日本紀行』［イザベラ・バード著／岡敬子訳／講談社学術文庫］を執筆したバードの思いに似ている。彼女はこう記している。「本書の欠点は痛いほど自覚しているが、見たままを素直に描写しようとする試みとして受け入れてもらえることを願い、あえて本書を提示することにする」

いつも私を支えてくれる愛すべき家族、母のジェーン・マカダムズ・ルーカス、妹のナンシー・ルーカス・ボールドウィン、おいのウェス、めいのエミリー、夫のウォルター・モリソンに心から謝意を捧げたい。父のフランク・S・ルーカスも誇らしく思ってくれることだろう。

親愛なる友人たちも、日々竹への愛情を吐露する私に辛抱強く耐えてくれた。ルーシー・モーガン・カラン、バーバラ・ブラウン・グロヴセン、ジュード・シブリー、カール・スタイアーの変わらぬ友情に、また地元プリマスにいるそのほかの親友すべてに感謝している。

編集作業を支援してくれた親切な友人たち、パーカー・F・ポンド・ジュニア、シーシー・クロウエル、ジュリー・マッキントッシュ・シャピロ、ナンシー・ムーア・ベス、エリン・ノーブルの尽力も忘れてはいけない。なかでもナンシーには、民話や伝説に関する情報の収集で大変世話になった。

また、美しい写真の多くは、オレゴン州のバンブー・ガーデンのノア・ベルが撮影したものである。

竹のつながりを通じて、遠く離れた驚異の地へ出かけ、心優しい人々に出会えた。過去・現在・未来のあらゆる竹研究者に心から敬意を表したい。

訳者あとがき

本書はReaktion Books社が刊行しているBotanical Seriesの一冊『*Bamboo*』の邦訳である。同シリーズの邦訳は、すでに『チューリップの文化誌』『菊の文化誌』『松の文化誌』が出ており、この『竹の文化誌』は4冊目にあたる。ちなみに、まだ邦訳されていないもののなかには、「バラ」「ゼラニウム」「ユリ」「オーク」「イチイ」などがある。

数ある植物のなかでも竹は、日本人にとってかなり身近な存在なのではないだろうか？　私自身の生活を振り返ってみても、小学生の頃に使っていた釣り竿のなかに竹製のものがあった。七夕には、願いごとを書いた短冊を笹に飾った（笹は、本書の対象となっているタケ亜科の一種である）。笹の葉を舟の形に細工して川に流して遊んだこともあれば、父親に竹とんぼをつくってもらったこともある。なにより竹やぶがそこらじゅうにあり、めずらしいものでもなかったため、大して気にもとめなかったぐらいだ。日本人にとって竹が身近だったのは、尺八や『竹取物語』、浮世絵など、日本で竹が素材や題材に利用された事例が本書のあちこちに登場することからも明らかだろう。アジアではどこでも、日本と事情は変わらないに違いない。

本書では、そんなアジア人にとってはなじみの竹を、さまざまな角度から分析・解説している。

竹の特徴や種類・分布に始まり、欧米で園芸植物として利用されてきた歴史、アジアなどで建築物や工芸品などの材料として、あるいは文学や書画の題材として利用されてきた歴史、今後の竹利用の可能性、そして生態系の一員としての役割までが論じられている。

そのなかでも、いちばん私の印象に残ったのが、持続可能な開発の一手段としての竹利用だろう。竹はきわめて成長が速く、わずか数か月で成竹になる。しかも、その稈はかなりの強度を誇る。成長に時間がかかる森林資源が世界的に減少している現在、これほど理想的な資源がほかにあるだろうか？ 栽培をうまく管理さえすれば、竹は持続的に資源を提供できる。

現在、紙や建築資材の原料として大量に伐採されている樹木の代わりに竹が使われるようになれば、かなりの森林資源を保護できる。確かに、木材に比べると美観がやや劣ると思われる向きもあるかもしれないが、竹加工技術は日々進歩している。いずれは木材に劣らない美的価値を備えた竹材が現れるかもしれない。また、環境維持のためには、人間の美的感覚を変えていく必要もあるだろう。

また、プラスチック製品の代わりに竹の工芸品を利用すれば、生分解性があるため、処分に困ることはなくなる。現在、海洋にプラスチックの墓場が広がっているというが、竹はこうしたごみを減少させる一助にもなる。

竹は持続可能な資源として、無限の可能性を秘めている。これ以上の森林破壊や環境汚染を防ぐためにも、この自然の恵みを利用しない手はない。

筆者のスザンヌ・ルーカスは世界竹機構の事務局長を務める竹の第一人者であり、園芸家・造園家・デザイナーの顔もあわせ持つ。その竹に対する愛情は、本書にもよく現れている。

私はこれまで、樹木に対しては並々ならぬ関心を抱いてきたが、竹にはほとんど興味がなく、竹がイネ科の草本植物であることさえ知らなかった。ところが、本書の翻訳をしているうちに、筆者の愛情あふれる筆致に感化されたのか、竹に興味がわいてきて、近くの林や山に出かけるときには、竹にじっくり目を向けるようになった。これまで当たり前のように見てきた竹だけに、どのように枝がついているかなど考えたこともなかったが、改めてよく見てみると、葉や枝の構造など、なかなか興味深いものがある。そもそも見た目が、ほかの植物とはいっぷう変わった姿をしている。

先日、滋賀県の伊吹山に登った際、途中に、登山道をはさむように笹の群落があった。登山者の足に掘り返された地面に、無数の地下茎がむき出しになっていた。そこから小さな稈を伸ばし、葉を2枚ほどつけたものもある。おそらく、登山者や登山道を管理する人がいなくなれば、この山道は瞬く間に笹で埋まってしまうのだろう。

その旺盛な生命力が環境保全や生態系保護に役立つ日が、いつか来るのかもしれない。

本書の翻訳にあたっては、株式会社リベルのみなさんに大変お世話になった。また、原書房の中村剛さんには訳文に対して適切なご指摘をいただいた。この場を借りて感謝を申し上げたい。

2021年1月吉日
山田美明

Tohru Minowa/amanaimages/Corbis; pp. 20, 64, 122, 146 Victoria & Albert Museum, London（写真 V&A Images); p. 84の写真 vitalytitov/BigStockPhoto; p. 154の写真 Christina Waitkus; p. 89の写真 wuttichok/BigStockPhoto.

pp. 38, 39, 40の地図は，Bamboo Phylogeny Group のウェブサイト www.eeob.iastate.edu/research/bamboo から引用している。p. 38の地図は Brandon Holt と Anna Gardner が，pp. 39, 40の地図は Brandon Holt と Elizabeth Vogel と Anna Gardner が作成した。

p. 11の画像の著作権者である Stéfan Le Dû，pp. 12-13の画像の著作権者である Kim Palmer は，クリエイティブ・コモンズ表示・継承2.0一般ライセンスが定める条件に基づき，それらの画像をオンラインで公開している。p. 191の画像の著作権者である Byungjoon Kim は，クリエイティブ・コモンズ表示2.0一般ライセンスが定める条件に基づき，その画像をオンラインで公開している。p. 104の画像の著作権者である Harald Hofer は，クリエイティブ・コモンズ表示・継承2.0オーストリア・ライセンスが定める条件に基づき，その画像をオンラインで公開している。p. 117の画像の著作権者である Prenn は，クリエイティブ・コモンズ表示・継承3.0非移植ライセンスが定める条件に基づき，その画像をオンラインで公開している。

写真ならびに図版への謝辞

出版社ともども，説明に役立つ資料の提供や複製を許可してくれた以下の提供元に感謝したい。煩雑になるためキャプションでは割愛した場所などの情報も，以下に記載している。

p. 165の写真 Catherine Ames/BigStockPhoto; p. 102の写真 Emily Baldwin; p. 138（上）の写真 Bamboo Info Centre; p. 124の写真 Karl Bareis; pp. 94-95の写真 Bedo/BigStockPhoto; pp. 8, 36, 43, 49, 58, 69, 140, 168-169の写真 Noah Bell; pp. 183, 185のイラスト Sally Bensusen; p. 87の写真 Blanchot/Sunset/Rex Features; p. 139 © Gene Blevins/*LA Daily News*/Corbis; p. 148 © Andrea Bricco/Corbis; pp. 6（上），18, 51, 54, 55, 85, 119, 121, 123, 150（下），193 British Museum, London（写真 © The Trustees of the British Museum, London）; p. 88の写真 Chen Wei Seng/BigStockPhoto; p. 21 CHINA SPAN Keren SU/Sunset/Rex Features; p. 152の写真 Chris Bicycles; pp. 45, 67, 164の写真 James Clever; p. 158 © Dean Conger/Corbis; p. 6（下）の写真 cozyta/BigStockPhoto; pp. 34, 91の写真 Ralph Evans; p. 111の写真 Claudio Fanchi; p. 182 HAP/Quirky China News/Rex Features; pp. 4, 15の写真 Guy Henderieckx; pp. 172-173 © Fritz Hoffmann/In Pictures/Corbis; pp. 23, 32, 35, 42, 135, 138（下）の写真 Ned Jaquith; pp. 81, 187 KeystoneUSA-ZUMA/Rex Features; pp. 62の写真 Lalupa; p. 128の写真 Daphne Lewis; pp. 75, 82, 92, 134, 162の写真 Susannc Lewis; pp. 78, 79の写真 Liang Zhang/BigStockPhoto; pp. 17, 90, 179 Library of Congress, Washington, DC（Prints and Photographs Division）: pp. 30, 132の写真 Walter Liese; p. 57の写真 W. E. Linscomb and the Vermilion Historical Society; p. 60 © Michael Maslan Historic Photographs/CORBIS; pp. 142-143の写真 MOSO International; p. 17の写真 Jean E. Norwood; p. 157 © Ocean/Corbis; p. 141（上）の写真 Tess Peni/Rex Features; pp. 98-99 © Robertus Pudyanto/Demotix/Corbis; p. 150（上）の写真 Christian Rauch; p. 108の写真 Razvan-Photography/BigStockPhoto; p. 87の写真 rchphoto/BigStockPhoto; p. 175 © Finbarr O'Reilly/Reuters/Corbis; p. 181の写真 Kamesh Salam, South Asia Bamboo Foundation; p. 65の写真 Robert Saporito; pp. 9, 72, 113の写真 Julie McIntosh Shapiro; p. 147の写真 Sonja Sheasley; p. 137の写真 shiyali/BigStockPhoto; p. 181の写真 Shozo Shibata; p. 141（下）の写真 Eitan Simanor/Robert Harding/Rex Features; p. 70の写真 Karl Stier; p. 106の写真 Surf-Skate-Ski/BigStockPhoto; p. 129 ©

Koshy, K. C., *Bamboos at* TBGRI (Kerala, 2010)
Lewis, Daphne and Carol Miles, *Farming Bamboo* (Seattle, WA, 2007)
———, *Hardy Bamboos for Shoots and Poles* (Seattle, WA, 1998)
Liese, Walter, *The Anatomy of Bamboo Culms* (Beijing, Eindhoven and New Delhi, 1998)
———, and Satish Kumar, *Bamboo Preservation Compendium* (New Delhi, 2003)
McClure, Floyd A., *The Bamboos: A Fresh Perspective* [1966] (Boston, MA, 1993)
Meredith, Ted Jordan, *Bamboo for Gardens* (Portland, OR, 2001)
———, *Pocket Guide to Bamboos* (Portland, OR, and London, 2009)
Ohrnberger, Dieter, *The Bamboos of the World: Annotated Nomenclature and Literature of the Species and the Higher and Lower Taxa* (Amsterdam, 1999)
Poudyal, Punya P., *Bamboos of Sikkiim, Bhutan, and Nepal* (Katmandu, 2006)
Scheer, Jo, *How to Build with Bamboo: 19 Projects You Can do at Home* (Salt Lake City, UT, 2005)
Seethalakshmi, K. K., and M. S. Muktesh Kumar, *Bamboos of India: A Compendium* (Kerala and Beijing, 2002)
Stapleton, Chris, *Bamboos of Bhutan: An Illustrated Guide* (Oxford, 1994)
———, *Bamboos of Nepal: An Illustrated Guide* (Oxford, 1994)
鈴木おさむ，吉河功『竹垣のデザイン』(グラフィック社，1988年)
Van Trier, Harry, and Jan Oprins, *Bamboo* (Basel, Berlin and Boston, 2002)
Vélez, Simón, Alexander von Vegesack and Mateo Kries, eds, *Grow Your Own House: Simón Vélez and Bamboo Architecture* (Weil am Rhein, 2000)
Villegas, Benjamin, *New Bamboo: Architecture and Design* (Bogotá, 2003)
Villegas, Marcelo, *Tropical Bamboo* (Bogatá, 1993)
Whittaker, Paul, *Hardy Bamboos: Taming the Dragon* (Portland, OR, and Cambridge 2005)
———, *Practical Bamboos: The 50 Best Plants for Screens* (Portland, OR, and London, 2010)
Wong, K. M., *The Bamboos of Peninsular Malaysia* (Malaysia, 1995)
吉河功『プロに学ぶ竹垣づくり』(グラフィック社，1997年)
Yuming, Yang, Hui Chaomao, *China's Bamboo* (Beijing, 2010)
Zhu, S., N. Ma and M. Fu, eds, *A Compendium of Chinese Bamboo* (Nanjing, 1994)

参考文献

Austin, Robert, Dana Levy and Ueda Koichiro, *Bamboo* (New York and Tokyo, 1970)

Bell, Michael, *The Gardener's Guide to Growing Temperate Bamboos* (Portland, OR and London, 2000)

Bess, Nancy Moore, *Bamboo in Japan* (Tokyo, New York and London, 2001)

Carunchco, Eric S., *Designing Filipino: The Architecture of Francisco Manosa* (Manila, 2003)

Chen, Shou-liang and Liang-chi Chia, *Chinese Bamboos* (Beijing and Portland, OR, 1988)

Chua, K. S., B. C. Soong and H. T. W. Tan, *The Bamboos of Singapore* (Singapore, 1996)

Coffland, Robert T. and Pat Pollard, *Contemporary Japanese Bamboo Arts* (Chicago, IL, 2000)

Cusack, Victor, *Bamboo Rediscovered* (Trentham, Australia, 1998)

———, and Deirdre Stewart, *Bamboo World* (Trentham, Australia, 2000)

Dajun, Wang and Shen Shap-Jin, *Bamboos of China* (Portland, OR, 1987)

Dart, Durnford, *The Bamboo Handbook: A Farmers, Growers, and Product Developers' Guide* (Queensland, 1999)

DeBoer, Darrel, and Megan Groth, *Bamboo Building Essentials* (San Francisco, CA, 2010)

Dransfield, Soejatmi, and E. A. Widjaja, *Plant Resources of South-East Asia, 7, Bamboos* (Leiden, 1995)

———, *The Bamboos of Sabah* (Sabah, 1992)

Dunkelberg, Klaus, *IL 31 Bambus* (*Bamboo as a Building Material*) (Stuttgart, 1985)

Earle, Joe, *New Bamboo: Contemporary Japanese Masters* (New York, 2008)

Farrelly, David, *The Book of Bamboo* (San Francisco, CA, 1995)

Hidalgo-Lopez, Oscar, *Bamboo: The Gift of the Gods* (Bogatá, 2003)

Janssen, Jules J. A., *Building with Bamboo: A Handbook* (Eindhoven, 1995)

Judziewicz, Emmett J., Lynn G. Clark, Ximena Londoño and Margaret J. Stern, *American Bamboos* (Washington, DC, and London, 1999)

Kaley, Vinoo, *Venu Bharati: A Comprehensive Volume on Bamboo* (New Delhi, 2000)

年表

7000万～5500万年前	熱帯低地のイネ科植物として竹が進化を始める。
6500万年前	恐竜が絶滅する。
2600万年前	この頃の化石により，竹がヨーロッパ（ポーランド）に自生していたことが証明される。
400万年前	初期の人類が2足歩行を始める。
紀元前5000年	インドの文献に初めて竹が登場する。リグヴェーダ第8巻55編3節「われわれに100の竹の茂みを授けよ」
紀元前1250年	殷王朝後期，竹簡を連ねた本がつくられる。
紀元前500年	孔子が麻雀を考案する。当時は竹製の牌が使われた。
紀元前400年	クテシアスの著作に竹が登場する。
紀元前200年	中国で軍事的な情報伝達に竹製のたこが利用される。
紀元前3世紀	中国の絵画に，竹製の楽器を演奏する人が描かれる。
紀元前2世紀	蔡倫が竹の繊維を使った紙を発明する。
紀元後23～79年頃	アレクサンドロス大王がアリストテレスに宛てた手紙（竹に関するくわしい説明が初めて記されている）を，プリニウスが『博物誌』のなかで引用する。
311年	中国の僧がインドへ向かう途中で竹の橋を渡ったという記録がある。
552年	ふたりのペルシャ人僧侶が竹杖のなかに蚕の卵を隠し，中国からコンスタンティノープルへ密輸する。
700年代半ば	唐の時代，絵画や詩の題材に竹を利用した最初期の人物のひとり，王維が活躍する。
10世紀	宋の時代（960～1279年）の中国に，初めて爆竹が現れる。爆竹は竹筒のなかに火薬を詰めてつくられる。
1037～1101年	詩人の蘇軾が竹に関する詩を詠む。
1200年	マルコ・ポーロが竹に詰めた火薬をヨーロッパに持ち帰る。
1649年	日本で，燃料として葉を利用するため，農民に竹の栽培を義務づける法律が制定される。
1679年	中国の絵画技法書『芥子園画伝』が刊行される。竹の描き方が記されている。

1736年	島津吉貴により中国から日本にモウソウチクが輸入される。現在，日本全域でもっとも広く栽培されている竹である。
1753年	カール・フォン・リンネ著『植物の種』が出版される。竹は「*Arundo bambos*」として紹介されている。
1787〜1861年	竹を好んで題材にとりあげた日本の漢詩人・画家，江馬細香が活躍する。
1827年	クロチクが日本からイギリスに輸入される。
1830年代〜1850年代	ヨーロッパ人入植者の開墾により，北アメリカに自生していた竹の茂みが広い範囲で伐採される。
1855年	ウジェーヌ・マゼルがフランスのアンデューズ近郊に竹などの外来植物を植える。これが後にプラフランス竹植物園になる。
1868年	ロンドンでウィリアム・マンローの著書『タケ科論』が出版される。
1880年	電球の改良を続けていたエジソンが，日本で採取した竹のフィラメントを使い，1200時間以上もつ電球の開発に成功する。
1882年	装飾用の竹であるホテイチクが中国からアメリカに輸入される。
1896年	A・B・フリーマン＝ミットフォードの著書『竹の庭』が出版される。
1901年	アメリカのコネチカット州フェアフィールドで，グスターヴ・ホワイトヘッドが竹製航空機での飛行に成功する。
1903年	エドマンド・「チャイニーズ」・ウィルソンが中国の荒地で新種の竹を発見し，娘のミュリエルにちなんでファルゲシア・ムリエラエと命名する。
1906年	ジャン・ウーゾー・ド・ルエが『竹――その研究・栽培・利用』と題する定期刊行物を出版し，ベルギーとフランスにおける竹の植栽を促進する。
1914年	チャーリー・チャップリンが竹のステッキを使い，有名な「放浪者」コスチュームを採用する。
1945年	広島の竹が原子爆弾の被爆に耐えて生き残る。
1958〜1960年	インド北東部でナシタケの一斉開花・枯死（「マウタム」）が起こり，近隣で飢餓や暴動が発生する。

1960年	上田弘一郎の著書『竹の生理の研究』が出版される。
1960年	ビル・クロンプトンとノーマン・マレルズが作曲し，アール・グラントが歌った『ハウス・オブ・バンブー（竹の家）』がアメリカのポップチャートで1位になる。
1966年	フロイド・マクルーアの著書『竹——新たな視点から』が出版され，研究者の間で竹への関心が再燃する。
1970年代	中国のジャイアントパンダ生息域で，ファルゲシア・ムリエラエが一斉開花・枯死する。
1980年代	世界自然保護基金がロゴに中国のジャイアントパンダを採用する。
1981年	現代では初めてエタノール生産に竹が利用される。
1984年	デヴィッド・ファレリーの著書『竹の本』が出版され，環境保護主義者の間で竹の人気が高まる。
1993年	西洋の市場に初めて竹製の床材や合板が登場する。
1998年	フランスのパリで竹製の飛行機「フライブー」が公開される。
1999年	J・ギーリスとJ・オプリンスが温帯性木本タケ類の生体外大量増殖に成功し，園芸や林業における竹の可能性が飛躍的に高まる。
2000年	万国博覧会でドイツがグンター・パウリのゼロエミッション構想に基づく竹製パビリオンを公開し，現代建築への竹の利用法を紹介する。
2002年	竹を編む高度な技術を示す逸品がそろうロイド・E・コッツェン竹工芸品コレクションが，アメリカ・カリフォルニア州のサンフランシスコ・アジア美術館に寄贈される。
2009年	9月18日を「世界竹の日」にすることがタイ政府により告知される。

付録1　竹の連と亜連

タケ連は熱帯性木本タケ類を指し，およそ1000種で構成される。

タケ連を構成する主な亜連

1　アルトロスティィリディィイナエ *Arthrostylidiinae* 亜連（新熱帯性）
2　バンブシナエ *Bambusinae* 亜連（旧熱帯性）
3　クスケイナエ *Chusqueinae* 亜連（新熱帯性）
4　グアドゥイナエ *Guaduinae* 亜連（新熱帯性）
5　メロカンニナエ *Melocanninae* 亜連（旧熱帯性）
6　ヒッケリイナエ *Hickeliinae* 亜連（旧熱帯性）
7　ラケモバンボシナエ *Racemobambosinae* 亜連（旧熱帯性）

1　アルトロスティィリディィイナエ亜連

以下の属が含まれる。

アクティノクラドゥム *Actinocladum* 属
アルウィミア *Alvimia* 属
アルトロスティィリディィウム *Arthrostylidium* 属
アトロオスタキス *Athroostachys* 属
アトラクタンタ *Atractantha* 属
アウロネミア（マトゥダカラムス）*Aulonemia* (*Matudacalamus*) 属
コランテリア *Colanthelia* 属
エリトロスタキス *Elytrostachys* 属
フィルグエイラシア *Filgueirasia* 属
グラジオフィトン *Glaziophyton* 属
メロスタキス *Merostachys* 属
ミリオクラドゥス *Myriocladus* 属
リピドクラドゥム *Rhipidocladum* 属

2　バンブシナエ亜連

以下の属が含まれる。

ホウライチク *Bambusa* (*Dendrocalamopsis*) 属

ボニア（モノクラドゥス）*Bonia* (*Monocladus*) 属
デンドロカラムス（クレマクロア，シノカラムス）*Dendrocalamus* (*Klemachloa, Sinocalamus*) 属
ディノクロア *Dinochloa* 属
フィンブリバンブサ *Fimbribambusa* 属
ギガントクロア *Gigantochloa* 属
ホルトトゥモクロア *Holttumochloa* 属
キナバルクロア *Kinabaluchloa* 属
マクルラクロア *Maclurachloa* 属
メロカラムス *Melocalamus* 属
ネオロレバ *Neololeba* 属
ネオミクロカラムス *Neomicrocalamus* 属
オレオバンボス *Oreobambos* 属
オクシテナンテラ *Oxytenanthera* 属
ピンガ *Pinga* 属
ソエヤトミア *Soejatmia* 属
スファエロバンボス *Sphaerobambos* 属
テンブロンギア *Temburongia* 属
テモクロア *Temochloa* 属
ティルソスタキス *Thyrsostachys* 属
ウィエトナモササ *Vietnamosasa* 属

3　クスケイナエ亜連

以下の属が含まれる。

クスケア（デンドラグロスティス，レットベルギア，ネウロレプシス，プラノティア）*Chusquea* (*Dendragrostis, Rettbergia, Neurolepsis, Planotia*) 属

4　グアドゥイナエ亜連

以下の属が含まれる。

アポクラダ *Apoclada* 属
エレモカウロン（クリキウマ）*Eremocaulon* (*Criciuma*) 属
グアドゥア *Guadua* 属
オルメカ *Olmeca* 属
オタテア *Otatea* 属

5　メロカンニナエ亜連

　以下の属が含まれる。
ケファロスタキウム *Cephalostachyum* 属
ダウィドセア *Davidsea* 属
メロカンナ（ベエシャ）*Melocanna* (*Beesha*) 属
ネオホウゼアウア *Neohouzeaua* 属
オクランドラ *Ochlandra* 属
プセウドスタキウム *Pseudostachyum* 属
スキゾスタキウム（レプトカンナ）*Schizostachyum* (*Leptocanna*) 属
スタプレトニア *Stapletonia* 属
テイノスタキウム *Teinostachyum* 属

6　ヒッケリイナエ亜連

　以下の属が含まれる。
カタリオスタキス *Cathariostachys* 属
デカリオクロア *Decaryochloa* 属
グレスラニア *Greslania* 属
ヒッケリア *Hickelia* 属
ヒトクコッケラ *Hitchcockella* 属
ナストゥス *Nastus* 属
ペリエルバンブス *Perrierbambus* 属
シロクロア *Sirochloa* 属
ワリハ *Valiha* 属

7　ラケモバンボディナエ亜連

　以下の属が含まれる。
ラケモバンボス *Racemobambos* 属

*

　アルンディナリエアエ連は温帯性木本タケ類を指し，以下の属が含まれる。
アキドササ *Acidosasa* 属
アンペロカラムス *Ampelocalamus* 属
アズマザサ *Arundinaria* 属

ブラキスタキウム *Brachystachyum* 属
カンチク *Chimonobambusa* 属
キモノカラムス（シナルンディナリア）*Chimonocalamus* (*Sinarundinaria*) 属
ドレパノスタキウム *Drepanostachyum* 属
ファルゲシア *Fargesia* 属（ボリンダ *Borinda* 属を含む）
フェロカラムス *Ferrocalamus* 属
ガオリゴングシャニア *Gaoligongshania* 属
ゲリドカラムス *Gelidocalamus* 属
ヒマラヤカラムス *Himalayacalamus* 属
インドカラムス *Indocalamus* 属
インドササ *Indosasa* 属
オリゴスタキウム *Oligostachyum* 属
マダケ *Phyllostachys* 属
ヤダケ *Pseudosasa* 属
キオングジュエア *Qiongzhuea* 属（現在は一般的にカンチク属に含まれる）
ササ *Sasa* 属
ナリヒラダケ *Semiarundinaria* 属
オカメザサ *Shibataea* 属
トウチク *Sinobambusa* 属
タムノカラムス *Thamnocalamus* 属
ユシャニア *Yushania* 属

オリレアエ連は草本タケ類を指し，およそ120種が含まれ，3つの亜連に分類されることが多い。

出典　Bamboo Phylogeny Group 2012（代表：アイオワ州立大学リン・G・クラーク）

イジアナ州ジェファーソン・アイランド）
ハンティントン植物園 Huntington Botanical Gardens（アメリカ／カリフォルニア州パサデナ）
サンディエゴ植物園（クエイル・ガーデン）San Diego Botanical Gardens（aka Quail Gardens）（アメリカ／カリフォルニア州エンシニータス）
サンパウロ植物園 Jardim Botânico de São Paulo（ブラジル）
カンピーナス農業試験場 Campinas, Instituto Agronomico（ブラジル）

アジア
上海植物園（中国／上海市）
安吉竹博園（中国／浙江省）
昆明世界園芸博覧園（中国／雲南省）
香港動植物公園（香港）
台北植物園（台湾）
福山植物園（台湾）
小石川植物園（日本／東京都）
富士竹類植物園（日本／静岡県）
富山県中央植物園（日本／富山県）
京都市洛西竹林公園（日本／京都府）
竹林園（エコパーク水俣）（日本／熊本県）
テナムゴル・テーマ公園（韓国／全羅南道潭陽郡）
竹緑苑（韓国／潭陽郡）
ボゴール植物園（インドネシア／ジャワ）
シンガポール植物園（シンガポール）

付録2　竹の庭園・植物園

ヨーロッパ

キュー・ガーデン Royal Botanical Gardens, Kew（イギリス／リッチモンド）
ネス植物園 Ness Botanical Gardens（イギリス／リバプール）
ウェイクハースト・プレイス Wakehurst Place（イギリス／ウェスト・サセックス）
ウィズレー王立園芸協会植物園 Wisley Royal Horticultural Society Garden（イギリス／サリー）
エジンバラ王立植物園 Royal Botanical Garden Edinburgh（イギリス／スコットランド）
エジンバラ王立植物園付属ベンモア植物園 Benmore, satellite garden of Edinburgh Botanical Garden（イギリス／スコットランド）
エジンバラ王立植物園付属ローガン植物園 Logan, satellite garden of Royal Botanical Garden, Edinburgh（イギリス／スコットランド）
カーウィニオン Carwinion（イギリス／コーンウォール）
プラフランス竹植物園 La Bambouseraie de Prafrance（フランス／アンデューズ）
パルメンガルテン Palmengarten（ドイツ／フランクフルト）
ボクレイク植物園 Bokrijk Arboretum（ベルギー／リンブルフ）

南北アメリカ

スミソニアン国立動物園 National Zoo（アメリカ／ワシントン DC）
ニューヨーク植物園 New York Botanical Gardens（アメリカ／ニューヨーク州ブロンクス）
ロングウッド・ガーデン Longwood Gardens（アメリカ／ペンシルベニア州ケネット・スクエア）
バンブー・ファーム＆コースタル・ガーデンズ Bamboo Farm and Coastal Gardens（アメリカ／ジョージア州サバンナ）
フェアチャイルド熱帯植物園 Fairchild Tropical Gardens（アメリカ／フロリダ州コーラル・ゲイブルズ）
ジャングル・ガーデン Jungle Gardens（アメリカ／ルイジアナ州エイブリー・アイランド）
リップ・ヴァン・ウィンクル・ガーデン Rip van Winkle Gardens（アメリカ／ル

注

序章　可能性に満ちた「草」

1　International Network of Bamboo and Rattan, *Socio-economic Constraints in the Bamboo and Rattan Sectors, Inbar's Assessment*, Working Paper no. 23 (1999), p. 1.

2　Food and Agriculture Organization of the United Nations (FAO), *Global Forest Resources Assessment* (Rome, 2005), p. 29.

3　Yuji Isagi, 'Carbon Stock and Cycling in a Bamboo *Phyllostachys bambusoides* Stand', *Ecological-Research*, IX/1 (1994), p. 42.

4　Adele Conover and Sally J. Bensusen, 'A New World Comes to Life, Discovered in a Stalk of Bamboo', *Smithsonian Magazine*, XXV/7 (1994), pp. 120-28.

5　Emmet Judziewicz, Lynn G. Clark, Ximena Londono and Margaret J. Stern, *American Bamboos* (Washington, DC, 1999), p. 77.

6　David G. Fairchild, *The World Grows Round My Door* (New York, 1947), p. 57.

7　以下を参照。the International Network of Bamboo and Rattan website, www.inbar.int（2011年4月18日にアクセス）.

8　G. Brundtlant et al., 'Our Common Future', in *Report of the 1987 World Commission on Environmental Development* (Oxford, 1987), p. 43.

9　Mathis Wackernagel and William Rees, *Our Ecological Footprint: Reducing Human Impact on the Earth* (Gabriola Island, BC, 1996), p. 9［『エコロジカル・フットプリント　地球環境持続のための実践プランニング・ツール』マティース・ワケナゲル＆ウィリアム・リース著／和田喜彦監訳／池田真理訳／合同出版／2004年］.

10　Lou Yiping et al., *Bamboo and Climate Change Mitigation in International Network of Bamboo and Rattan Technical Report No. 32* (China, 2011), p. 9.

11　International Organization for Standardization, No. 14040 (Geneva, 1997).

12　John Elkington, *Cannibals with Forks: The Triple Bottom Line of the 21st Century Business* (Oxford, 1997), p. 1.

13　Judziewicz et al., *American Bamboos*, p. 76.

14　Chief Justice Warren Burger, *Tennessee Valley Authority v. Hill, 437* U.S. *153* (Washington, DC, 1978).

第1章　分布，種類，分類

1　Lynn G. Clark, 個人的な情報交換 , 2011.

2　Chris M. A. Stapleton et al., 'Molecular Phylogeny of Asian Woody Bamboos: Review for the Flora of China', *Science and Culture: The Journal of the American Bamboo Society*, XXII/1 (2009), p. 14.

3　Elżbieta Worobiec and Grzegorz Worobiec, 'Leaves and Pollen of Bamboos from the Polish Neogene', *Review of Palaeobotany and Palynology*, CXXXIII/1-2 (2005), pp. 39-50.

4　P. Shanmughavel, K. Francis and M. George, *Plantation Bamboo* (Dehra Dun, India, 1997), p. 15.

5　同上 , p. 16.

6　Yulong Ding et al., 'Anatomical Studies on the Rhizome of Monopodial Bamboos', International Union of Forest Research Organizations Division 5 conference proceedings (1993), p. 759.

7　I. V. Ramanuja Rao, 'Bamboos and their Role in Ecosystem Rehabilitation', in *Encyclopedia of Forest Sciences*, ed. Julian Evans, John A. Youngquist and Jeffrey Burley (Oxford, 2005), vol. III, pp. 1011-16.

8　Emmet Judziewicz, Lynn G. Clark, Ximena Londono and Margaret J. Stern, *American Bamboos* (Washington, DC, 1999), p. 67.

9　同上 , p.64.

10　Nadia Bystriakova and Valerie Kapos, 'Bamboo Diversity - The Need for a Red List Review', *Biodiversity*, VI/4 (2006), p. 14.

11　Lynn G. Clark, Bamboo Biodiversity website, www.eeob.iastate.edu/research/bamboo (2013年1月にアクセス).

12　同上。

13　F. Fijten, 'A Taxonomic Revision of *Buergersiochloa* Pilger (Gramineae)', *Blumea*, XXII (1975), pp. 415-18.

14　Clark, Bamboo Biodiversity website.

15　Emmet Judziewicz and L. G. Clark, 近刊.

16　Clark, Bamboo Biodiversity website.

17　同上。

18　同上。

19　Ra. Rao, 'Bamboos and their Role in Ecosystem Rehabilitation', pp. 1011-16.

20　Shozo Shibata, 'Consideration of the Flowering Periodicity of *Melocanna baccif-*

era through Past Records and Recent Flowering with a 48-year Interval', *8th World Bamboo Congress Proceedings*, V (2009), pp. 90-95.
21 Robert Austin, Dana Levy and Koichiro Ueda, *Bamboo* (New York, 1970), p. 14.
22 P. Shanmughavel, K. Francis and M. George, *Plantation Bamboo* (Dehra Dun, India, 1997), p. 16.
23 Shibata, 'Consideration of the Flowering Periodicity of *Melocanna baccifera*', pp. 90-95.
24 Judziewicz et al., *American Bamboos*, p. 67.
25 Rao, 'Bamboos and their Role in Ecosystem Rehabilitation', pp. 1011-16.
26 Thomas R. Soderstrom, 'Bamboo Systematics: Yesterday, Today and Tomorrow', *Journal of the American Bamboo Society*, VI/1-4 (1985), pp. 4-13.
27 Thomas R. Soderstrom and R. P. Ellis, 'The Position of Bamboo Genera and Allies in a System of Grass Classification', in *Grasses: Systematics and Evolution*, ed. S.W.L. Jacobs and J. Everett (Washington, DC, 1987), pp. 225-38.
28 American Bamboo Society, www.bamboo.org (2013年4月18日にアクセス).
29 Lynn G. Clark, 個人的な情報交換, 2011.

第2章　園芸

1 Thomas R. Soderstrom, 'Bamboo Systematics: Yesterday, Today and Tomorrow', *Journal of the American Bamboo Society*, VI/1-4 (1985), p. 9.
2 Richard Haubrich, preface to Ernest Mason Satow, *The Cultivation of Bamboos in Japan* (reprinted Solana Beach, CA, 1995), p. 1.
3 Soderstrom, 'Bamboo Systematics: Yesterday, Today and Tomorrow', p. 9.
4 同上。
5 Koichiro Ueda, *Studies on the Physiology of Bamboo with Reference to Practical Application* (Tokyo, 1960), pp. iii-v.
6 Soderstrom, 'Bamboo Systematics: Yesterday, Today and Tomorrow', p. 10.
7 Yves Crouzet, *La Bambouseraie: History of the Bambouseraie* (Anduze, 1995), pp. 2-3.
8 American Bamboo Society website, www.bamboo.org (2013年4月18日にアクセス).
9 World Bamboo Organization website, www.worldbamboo.net (2013年4月18日にアクセス).

第3章　生活への応用

1 Tsuen Hsuin Tsien, *Written on Bamboo and Silk: The Beginnings of Chinese Books and Inscriptions* (Chicago, IL, 1962) [『中国古代書籍史　竹帛に書す』銭存訓著／宇都木章ほか訳／法政大学出版局／1980年].

2 Endymion Porter Wilkinson, *Chinese History: A Manual* (Cambridge, MA, 2000), p. 445.

3 'Tibetan Artist Strives to Sustain Traditional Calligraphy', Xinhua News Agency, http://news.xinhuanet.com, 1 November 2011.

4 Robert Austin and Koichiro Ueda, *Bamboo* (New York, 1970), p. 10.

5 Mary Sisk Noguchi, 'Majestic Bamboo is Firmly Rooted in Kanji', *Japan Times*, 25 July 2011, www.japantimes.co.jp.

6 Oscar Hidalgo-Lopez, *Gift of the Gods* (Bogotá, 2003), p. 522.

7 同上。

8 David Farrelly, *The Book of Bamboo* (San Francisco, CA, 1984), pp. 13-69.

9 Walter Liese, *The Anatomy of Bamboo Culms*, Technical Report 18 (China, 1998), p. 35.

10 Farrelly, *The Book of Bamboo*, pp. 13-69.

11 Marcelo Villegas, *New Bamboo: Architecture and Design* (Bogotá, 2003), p. 44; Liese, *The Anatomy of Bamboo Culms*, pp. 161-5.

12 Ho Yin Lee and Stephen Lau, 'Bamboo Scaffolding of Hong Kong', *Hong Kong Institute of Architects Journal*, I (1995), pp. 60-64.

13 Farrelly, *The Book of Bamboo*, p. 37.

14 Liese, *The Anatomy of Bamboo Culms*, p. 162.

15 Anna Sproule, *Thomas A. Edison: The World's Greatest Inventor* (Woodbridge, CT, 2000).

16 Wikipedia, 'Bamboo Musical Instruments', http://en.wikipedia.org (2013年4月18日にアクセス).

17 Emmet Judziewicz, Lynn G. Clark, Ximena Londono and Margaret J. Stern, *American Bamboos* (Washington, DC, 1999), pp. 97-100.

18 Yuan-Yuan Lee and Sinyan Shen, *Chinese Musical Instruments*, Chinese Music Monograph Series (Chicago, IL, 1999).

19 Wikipedia, 'Bamboo Musical Instruments'.

20 同上。

21 'Jew's Harp', www.pertout.com/Jew'sHarp (2013年4月18日にアクセス)

22 Yamaha Corporation of America, www.yamaha.com.
23 Wikipedia, 'Kau Cim', http://en.wikipedia.org（2013年3月26日にアクセス）.
24 Stewart Culin, 'The Game of Ma-Jong, its Origin and Significance', *Brooklyn Museum Quarterly*, XI（1924）, pp. 153-68.
25 'Chinlone', at www.chinlone.com（2013年3月26日にアクセス）.
26 Saw Eh Dah, 'Bamboo and Rattan of Myanmar', INBAR Country Report（China, 2005）.
27 Philacor Young People's Library, *Games Filipino Children Play*（Philippines, 1978）.
28 同上。
29 Luis Marden, *The Angler's Bamboo*（New York, 1997）, pp. 1-3.
30 V. M. Patino, *Historia de la vegetación natural y de sus componentes en la America equinoccial*（Bogotá, 1975）.
31 同上。
32 Mabel Cook Cole, *Philippine Folk Tales*（Chicago, IL, 1916）, pp. 187-8.
33 Sir James George Frazer, *Folk-lore in the Old Testament*, vol. I of Studies in Comparative Religion, Legend and Law（London, 1918）.
34 Fanny Hagin Mayer, trans. and ed., *The Yanagita Kunio Guide to the Japanese Folk Tale*（Indianapolis, IN, 1948）, pp. 8-9.
35 Gertrude Jobes, *Dictionary of Mythology, Folklore, and Symbols*（New York, 1961）, pp. 177-8.
36 Mayer, *The Yanagita Kunio Guide to the Japanese Folk Tale*.
37 Jobes, *Dictionary of Mythology Folklore and Symbols* , p. 177.
38 Nancy Moore Bess, *Bamboo in Japan*（New York, 2001）, p. 15.
39 Wolfram Eberhard, ed., *Folktales of China*（New York, 1973）, p. 18.
40 Richard Barnhart et al., *Three Thousand Years of Chinese Painting*（New Haven, CT, and Beijing, 1997）.
41 Alexander H. Lawson, *Bamboos: A Gardener's Guide to their Cultivation in Temperate Climates*（London, 1968）, p. 14.
42 Thomas R. Soderstrom, 'Bamboo Systematics: Yesterday, Today and Tomorrow', *Journal of the American Bamboo Society*, VI/1-4（1985）, p. 1.
43 D. N. Tewari, *A Monograph on Bamboo*（Dehra Dun, India, 1992）, p. 219.
44 P. Shanmughavel, K. Francis and M. George, *Plantation Bamboo*（Dehra Dun, India, 1997）, p. 114.

45 Victor Cusack and Deidre Stewart, *Bamboo World: The Growing and Use of Clumping Bamboos* (Kenthurst, NSW, 1999), p. 176.

46 R. Rinpoche and J. Kunzang, *Tibetan Medicine* (Berkeley, CA, 1973).

47 Shanmughavel et al., *Plantation Bamboo*, p. 116.

48 Nirmala Chongtham et al., 'Nutritional Properties of Bamboo Shoots: Potential and Prospects for Utilization as a Health Food', *Comprehensive Reviews in Food Science and Food Safety*, X/3 (2011), pp. 153-68.

49 同上。

第4章　現代および今後の可能性

1 John Marsh and Nigel Smith, 'New Bamboo Industries and Pro-Poor Impacts: Lessons from China and Potential for Mekong Countries', *A Cut for the Poor: Proceedings of the International Conference on Managing Forests for Poverty Reduction: Capturing Opportunities in Forest Harvesting and Wood Processing for the Benefit of the Poor* (Thailand, 2007), no. 20.

2 Jules Janssen and Lou Yiping, 'Capturing Carbon with Bamboo', BAMBOO: *The Magazine of the American Bamboo Society*, XXXI/3 (2010), p. 10.

3 Oscar Hidalgo-Lopez, *Gift of the Gods* (Bogotá, 2003), pp. 72-97.

4 この分野の重要な業績には，竹研究の第一人者とされる日本の著名な学者，上田弘一郎による *Studies on the Physiology of Bamboo* (1960)，竹の分子構造に学究生活を捧げた木材解剖学者ウォルター・リースの研究，竹の伸張強度の科学的試験を行い，従来の木材利用に代わる現代的な竹材利用の開発戦略を設計したアイントホーフェン工科大学（オランダ）のジュール・ヤンセンの研究がある。

5 Walter Liese, *The Anatomy of Bamboo Culms*, Technical Report 18 (China, 1998), p. 7.

6 Hidalgo-Lopez, *Gift of the Gods*, p. 240.

7 同上, p. 236.

8 同上, p. 174.

9 Tristan Roberts, 'Bamboo Dimensional Lumber? *Lumboo* Is Here', in *Environmental Building News*, XIX/6 (2010), p. 1.

10 Yuji Isagi, 'Carbon Stock and Cycling in a Bamboo *Phyllostachys bambusoides* stand', *Ecological-Research*, IX/1 (1994), p. 42.

11 Raimund Duking, Walter Liese and Johan Gielis, 'Carbon Flux and Carbon

Stock in a Bamboo Stand and their Relevance for Mitigating Climate Change', *Bamboo Science and Culture*, XXIV/1 (2011), pp. 1-6.

12 Hidalgo-Lopez, *Gift of the Gods*, p. xv.

13 同上, pp. 356-63.

14 以下を参照。Litrax, at www.litrax.com and SwicoFil AG, at www.swicofil.com(いずれも2013年4月18日にアクセス).

15 Hidalgo-Lopez, *Gift of the Gods*, pp. 164-75.

16 United States Food and Drug Administration, 'Update on Bisphenol a (BPA) for Use in Food', *Public Health Focus* (2010), pp. 1-7, at www.fda.gov.

17 www.litrax.com を参照。

18 www.enviroarc.net の生分解性製品を参照 (2013年3月23日にアクセス).

19 Michel Abadie, 'Human Flying and Bamboo Fiber, from the Aviation Pioneer to Contemporary Design', *8th World Bamboo Congress Proceedings* (2009), pp. 1-10.

20 Jeff Greenwald, 'Turning Bamboo into a Bicycle', *Smithsonian Magazine*, 29 June 2011, www.smithsonianmag.com.

21 同上。

22 同上。

23 Michael Temmerman, 'Bamboo Energy Yield through Combustion', paper given at conference *Bamboo: From Tradition to High Tech*, Belgium (2011).

24 T. J. Barreto de Menezes and A. Azzini, *O bambu, uma nova materia para producao de Etanol, Instituto Agronomico de Campinas* (Brazil, 1981).

25 Temmerman, 'Bamboo Energy Yield Through Combustion'.

26 www.litrax.com を参照。

27 I. R. Hunter, 'Bamboo Resources, Uses and Trade: The Future?', *Journal of Bamboo and Rattan*, II/4 (2003), p. 319.

28 Jia Horng Lin et al., 'PET/PP Blend with Bamboo Charcoal to Produce Functional Composites: Evaluation of Functionalities', *Advanced Materials Research: Smart Materials*, LV-LVII (2008), p. 433.

29 Jinhe Fu, Tesfaye Hunde et al., 'Bamboo Biomass Energy: A Partnership between Ghana, Ethiopia, China and INBAR', *8th World Bamboo Congress Proceedings* (2009), pp. 1-8.

30 Darrel Miller, 'Did You Know That Bamboo Extract Is High In Silica And Good For The Skin?', www.isnare.com (2013年3月23日にアクセス).

31　同上。

32　Laura Van Hoywegeh, 'Phytochemical Analysis of Bamboo Leaves', paper given at conference *Bamboo: From Tradition to High Tech*, Belgium (2011).

33　Nirmala Chongtham et al., 'Nutritional Properties of Bamboo Shoots: Potential and Prospects for Utilization as a Health Food', Comprehensive Reviews in Food Science and Food Safety, X/3 (2011), pp. 153-68.

34　同上。

35　Daphne Lewis and Carol Miles, *Farming Bamboo* (Raleigh, NC, 2007), pp. 84-5.

36　P. Shanmughavel, K. Francis and M. George, *Plantation Bamboo* (Dehra Dun, India, 1997), p. 59.

37　Geert Potters et al., 'Energy Crops in Western Europe: Is Bamboo an Acceptable Alternative?', paper given at conference *Bamboo: From Tradition to High Tech*, Belgium (2011), conference proceedings, pp. 22-34.

38　S. D. Ebbs and L. V. Kochian, 'Toxicity of Zinc and Copper to Brassica Species: Implications for Phytoremediation', *Journal of Environmental Quality*, XXVI (1997), pp. 776-81.

39　Marisha Farnsworth, 'Urban Bamboo Biofilter' blog, http://urbanbamboobiofilter.blogspot.co.uk (2013年4月18日にアクセス).

40　Raimund Duking, Walter Liese and Johan Gielis, 'Carbon Flux and Carbon Stock in a Bamboo Stand and their Relevance for Mitigating Climate Change', *Bamboo Science and Culture*, XXIV/1 (2011), pp. 1-6.

41　Jeffrey Parr, Leigh Sullivan et al., 'Carbon Bio-sequestration within the Phytoliths of Economic Bamboo Species', *Global Change Biology*, XVI/10 (2010), pp. 2661-7.

42　Duking et al., 'Carbon Flux and Carbon Stock in a Bamboo Stand', pp. 1-6.

43　Janssen and Yiping, 'Capturing Carbon with Bamboo', p. 10.

44　Harry van Trier and Jan Oprins, *Bambuseae: A Material for Landscape and Garden Design* (Leuven, 2004), pp. 38-49.

第5章　環境

1　Nadia Bystriakova, Valerie Kapos, Chris Stapleton and Igor Lysenko, *Bamboo Biodiversity: Information for Planning Conservation and Management in the Asia-Pacific Region* (Cambridge, 2003), p. 7.

2 George Schaller, *The Last Panda* (Chicago, IL, 1994), p. 6 [『ラスト・パンダ 中国の竹林に消えゆく野生動物』ジョージ・B・シャラー著/武者圭子訳/早川書房/1996年].
3 Michael McIntosh, 'World Enough and Time', *Wildlife Art News*, XI/2 (1992), p. 94.
4 同上, p. 95.
5 Yi Tong-Pei, 'The Classification and Distribution of Bamboo Eaten by the Giant Panda in the Wild', *Journal of the American Bamboo Society*, VI/1-4 (1985), p. 112.
6 Schaller, *The Last Panda*, p. 6.
7 McIntosh, 'World Enough and Time', p. 96.
8 Julian Campbell, 'Bamboo Flowering Patterns: A Global View with Special Reference to East Asia', *Journal of the American Bamboo Society*, VI/1-4 (1985), p. 17.
9 Schaller, *The Last Panda*, p. 137.
10 Dieter Ohrnberger, *The Bamboos of the World* (Amsterdam, 1999), p. 141.
11 Schaller, *The Last Panda*, p. 173.
12 同上, p. 212.
13 McIntosh, 'World Enough and Time', p. 96.
14 Schaller, *The Last Panda*, p. 27.
15 同上, p. 169.
16 International Union for Conservation of Nature and Natural Resources, Red List of Threatened Species, www.iucnredlist.org (2013年4月18日にアクセス).
17 Schaller, *The Last Panda*, p. 109.
18 University of Bristol, School of Biology, 'Lesser Bamboo Bat', www.bio.bris.ac.uk/research/bats (2013年4月18日にアクセス).
19 Gary Ades, 'Important Discovery of Lesser Bamboo Bat Roosting Site in Hong Kong', *Porcupine!*, IX (1999), p. 22.
20 BirdLife International, *Threatened Birds of the World* (Barcelona and Cambridge, 2000).
21 BirdLife International species factsheet: *Erythrura viridifacies* (2012), www.birdlife.org.
22 Antelope Taxon Advisory Group, San Diego Zoo Global Library (California, 2003), http://library.sandiegozoo.org/factsheet/pronghorn/pronghorn.htm, p. 7.

23 Royal Belgium Institute of Natural Sciences, Convention of Migratory Species Gorilla Agreement, www.naturalsciences.be (2011).

24 Paul Weatherly, Gorilla Bond, 個人的な情報交換 (Washington, DC, 2010).

25 Nick Garbutt, *Mammals of Madagascar* (Sante Fe, NM, 1999); R. A. Mittermeier, I. Tattersall, W. R. Konstant, D. M. Meyers and R. B. Mast, *Lemurs of Madagascar* (Washington, DC, 1994).

26 International Union for Conservation of Nature and Natural Resources, *Red List of Threatened Species*, www.iucnredlist.org (2013年4月18日にアクセス).

27 Yang Yuming and Hui Chaomao, eds, *China's Bamboo: Culture, Resources, Cultivation, Utilization* (Beijing, 2010), p. 217.

28 Paul D. Haemig, 'Birds and Mammals Associated with Bamboo in the Atlantic Forest', *Ecology Info*, V (2011).

29 Emmet Judziewicz, Lynn G. Clark, Ximena Londono and Margaret J. Stern, *American Bamboos* (Washington, DC, 1999), p. 77.

30 John James Audubon, 'The Carolina Parrot', in *The Birds of America* (Edinburgh and London, 1827-38)[『オーデュボンの鳥　AUDUBON THE BIRDS OF AMERICA 『アメリカの鳥類』セレクション』ジョン・ジェームズ・オーデュボン著/新評論/2020年], online at www.audubon.org (2013年4月18日にアクセス).

31 A. W. Kratter, 'Bamboo Specialization by Amazonian Birds', in *Biotropica*, XXIX (1997), pp. 100-10.

32 同上。

33 Fabian Jaksic and Mauricio Lima, 'Myths and Facts on Ratadas: Bamboo Blooms, Rainfall Peaks and Rodent Outbreaks in South America', *Austral Ecology*, XXVIII/3 (2003), pp. 237-51.

34 同上。

35 Shozo Shibata, 'Consideration of the Flowering Periodicity of *Melocanna baccifera* through Past Records and Recent Flowering with a 48-year Interval', paper given at the *8th World Bamboo Congress Proceedings*, V (2009), pp. 90-95.

36 Adele Conover and Sally J. Bensusen, 'A New World Comes to Life, Discovered in a Stalk of Bamboo', *Smithsonian Magazine*, XXV/7 (1994), pp. 120-28.

37 同上。

38 同上。

39 同上。

40 Miriam Supuma, 'Birds of the Gods', on *Nature*, Public Broadcasting System (2011).

41 同上。

42 Yuming and Chaomao, eds, *China's Bamboo*, p. 220.

43 Nadia Bystriakova, Valerie Kapos and Igor Lysenko, *Potential Distribution of Woody Bamboos in Africa and America*, Working Paper no. 43 (Cambridge, 2002), p. 1.

44 Gary K. Meffe, *Ecosystem Management: Adaptive, Community-based Conservation* (Washington, DC, 2000), p. 238.

45 同上。

46 J. Baird Callicott, 'The Metaphysical Implications of Ecology', *Environmental Ethics*, 8 (1986), p. 140.

47 McIntosh, 'World Enough and Time', pp. 93-9.

48 同上。

49 Lynn G. Clark, 個人的な情報交換, 2011.

スザンヌ・ルーカス（Susanne Lucas）
世界竹機構（World Bamboo Organization）エグゼクティブディレクター。マサチューセッツ州プリマスを拠点に園芸家，デザイナー，造園家，コンサルタントとして活動する。

山田美明（やまだ・よしあき）
1968年生まれ。東京外国語大学英米語学科中退。仏語・英語翻訳家。主な訳書に『ISの人質』（プク・ダムスゴー著），『ありえない138億年史』（ウォルター・アルバレス著），『24歳の僕が，オバマ大統領のスピーチライターに?!』（デビッド・リット著，いずれも光文社），『大戦前夜のベーブ・ルース』（ロバート・K・フィッツ著，原書房），『ゴッホの耳』（バーナデット・マーフィー著，早川書房），『ファンタジーランド』（カート・アンダーセン著，共訳，東洋経済新報社）などがある。

Bamboo by Susanne Lucas
was first published by Reaktion Books, London, UK, 2013, in the Botanical series.

花《はな》と木《き》の図書館《としょかん》

竹《たけ》の文化誌《ぶんかし》

●

2021年2月26日　第1刷

著者……………スザンヌ・ルーカス
訳者……………山田美明《やまだよしあき》
装幀……………和田悠里
発行者……………成瀬雅人
発行所……………株式会社原書房

〒160-0022 東京都新宿区新宿1-25-13
電話・代表 03(3354)0685
振替・00150-6-151594
http://www.harashobo.co.jp

印刷……………新灯印刷株式会社
製本……………東京美術紙工協業組合

ISBN 978-4-562-05870-9, Printed in Japan